KB175734

아이가 좋아하는 4단계 초등연산

덧셈·뺄셈

2

동양북스

아이가 좋아하는 4단계 초등연산

덧셈·뺄셈 2

| **초판 1쇄 인쇄** 2022년 5월 23일
| **초판 1쇄 발행** 2022년 6월 2일
| **발행인** 김태웅
| **지은이** 초등 수학 교육 연구소 <수학을 좋아하는 아이>
| **편집1팀장** 황준
| **디자인** syoung.k
| **마케팅** 나재승, 박종원
| **제작** 현대순
| **발행처** (주)동양북스
| **등록** 제 2014-000055호
| **주소** 서울시 마포구 동교로 22길 14 (04030)
| **구입문의** 전화 (02)337-1737 팩스 (02)334-6624
| **내용문의** 전화 (02)337-1763 이메일 dybooks2@gmail.com
| **ISBN** 979-11-5768-360-4(64410) 979-11-5768-356-7 (세트)

선행학습, 심화학습에는 관심을 많이 가지지만 연산 학습의 중요성을 심각하게 고려하는 학부모는 상대적으로 많지 않습니다. 하지만 초등수학의 연산 학습은 너무나 중요합니다. 중·고등 수학으로 나아가기 위한 기초가 되기 때문입니다. 더하기, 빼기를 할 수 있어야 곱하기, 나누기를 할 수 있는 것처럼 수학은 하나의 개념을 숙지해야 다음 단계의 개념으로 나갈 수 있는 학문입니다. 연산 능력이 부족하면 복잡해지는 중·고등 과정의 수학 학습에 대응하기 힘들어져 결국에는 수학을 어려워하게 되는 것입니다.

"수학은 연산이라는 기초공사를 튼튼히 하는 것이 중요합니다."

그러면 어떻게 해야 아이들이 연산을 좋아하고 잘할 수 있을까요? 다음과 같이 하는 것이 중요합니다.

하나, 아이에게 연산은 시행착오를 겪는 과정을 통해서 개념과 원리를 익히는 결코 쉽지 않은 과정입니다. 따라서 쉬운 문제부터 고난도 문제까지 차근히 실력을 쌓아가는 것이 가장 좋습니다.

둘, 문제의 양이 많은 드릴 형식의 연산 문제집은 중도에 포기하기 쉽습니다. 또한 비슷하거나 어려운 문제들만 나오는 문제집도 연산을 지겹게 만들 수 있습니다. 창의적이고 재미있는 문제를 풀어야 합니다.

셋, 초등수학은 연산 학습이 80%에 이릅니다. 사칙연산 그리고 혼합계산에 이르기까지 초등수학의 대부분이 주로 수와 연산을 다룹니다. 따라서 연산 학습의 효과가 학교 수업과 이어질 수 있도록 교과 연계 맞춤 학습을 하는 것이 좋습니다.

"덧셈, 뺄셈, 곱셈, 나눗셈, 분수, 소수 단기간에 완성"

아이가 좋아하는 가장 쉬운 초등 연산은 위와 같은 방식으로 초등 연산을 총정리하는 연산 문제집입니다. 경직된 학습이 아닌 즐거운 유형 연습을 통해 직관력, 정확도, 연산 속도를 향상시키도록 돕습니다. 무엇보다 초등수학 학습에 있어서 가장 중요한 것은 '흥미'와 '자신감'입니다. 이 책의 4단계 학습을 통해 공부하면 헷갈렸던 연산이 정리되고 계산 속도가 빨라지면서 수학에 대한 흥미와 자신감이 생기게 될 것입니다.

| 체계적인 4단계 연산 훈련

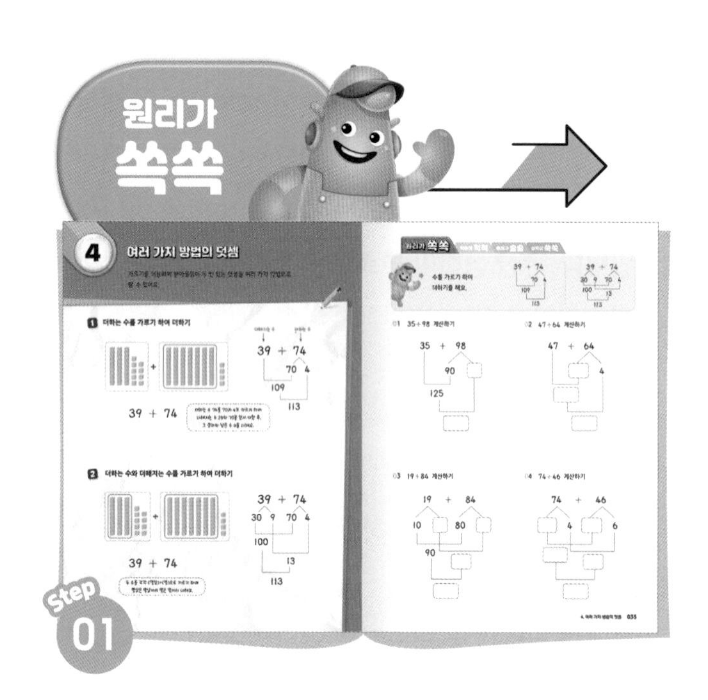

재미있고 친절한 설명으로 원리와 개념을 배우고,
그대로 따라해 보며 원리를 확실하게 이해할 수 있어요.

학습한 원리를 적용하는 다양한 방식을 배우며
연산 훈련의 기본을 다질 수 있어요.

| 연산의 활용

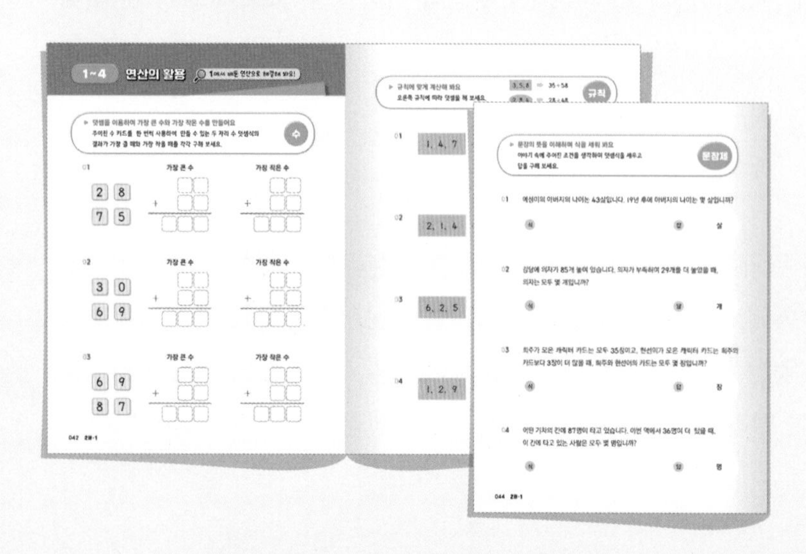

한 단계 실력 up!

4단계 훈련을 통한 연산 실력을
확인하고 활용해 볼 수 있는
수, 규칙, 문장제 구성으로 복습과 함께
완벽한 마무리를 할 수 있어요.

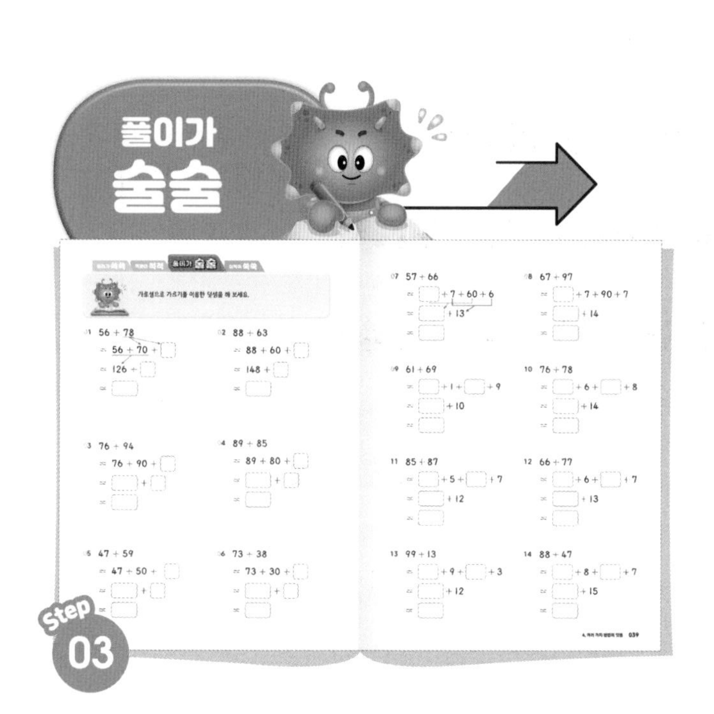

탄탄한 원리 학습을 마치면 드릴 형식의 연산 문제도 지루하지 않고 쉽게 풀 수 있어요.

다양한 형태의 문제들을 접하며 연산 실력을 높이고 사고력도 함께 키울 수 있어요.

이렇게 학습 계획을 세워 보세요!

하루에 푸는 양을 다음과 같이 구성하여 풀어 보세요.

4주 완성

- 1day 원리가 쑥쑥, 적용이 척척
- 1day 풀이가 술술, 실력이 쑥쑥
- 1day 연산의 활용

6주 완성

- 1day 원리가 쑥쑥, 적용이 척척
- 1day 풀이가 술술
- 1day 실력이 쑥쑥
- 1day 연산의 활용

1 두 자리 수의 덧셈

2 두 자리 수의 뺄셈

3 덧셈과 뺄셈의 관계

왜 숫자는 아름다운 걸까요?

이것은 베토벤 9번 교향곡이 왜 아름다운지 묻는 것과 같습니다.

- 폴 에르되시 -

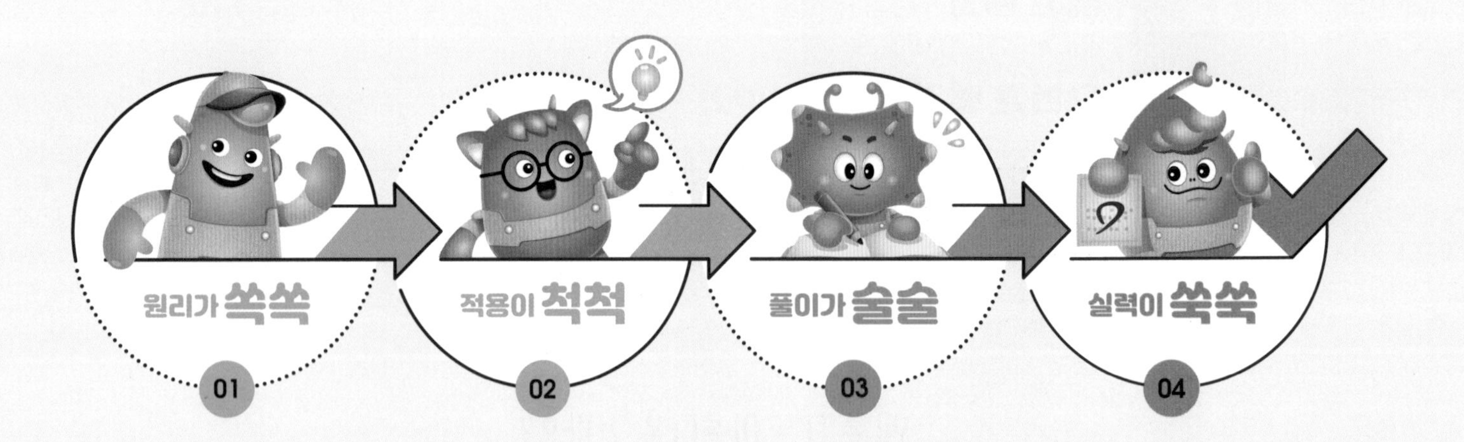
원리가 쑥쑥
01
적용이 척척
02
풀이가 술술
03
실력이 쑥쑥
04

1

두 자리 수의 덧셈

받아올림이 있는 (두 자리 수)+(한 자리 수)

받아올림이 있는 (몇십몇)과 (몇)의 덧셈은 일의 자리 수끼리 더할 때 두 수의 합이 10이 넘게 돼요. 따라서 그중에서 10을 십의 자리로 받아올림해서 더해요.

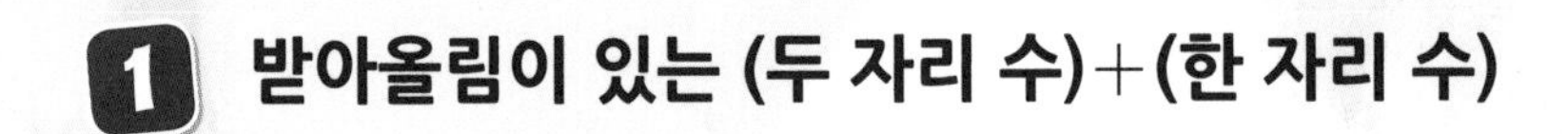

1 받아올림이 있는 (두 자리 수)+(한 자리 수)

일 모형 10개를 십 모형 1개로 바꿀 수 있어요.

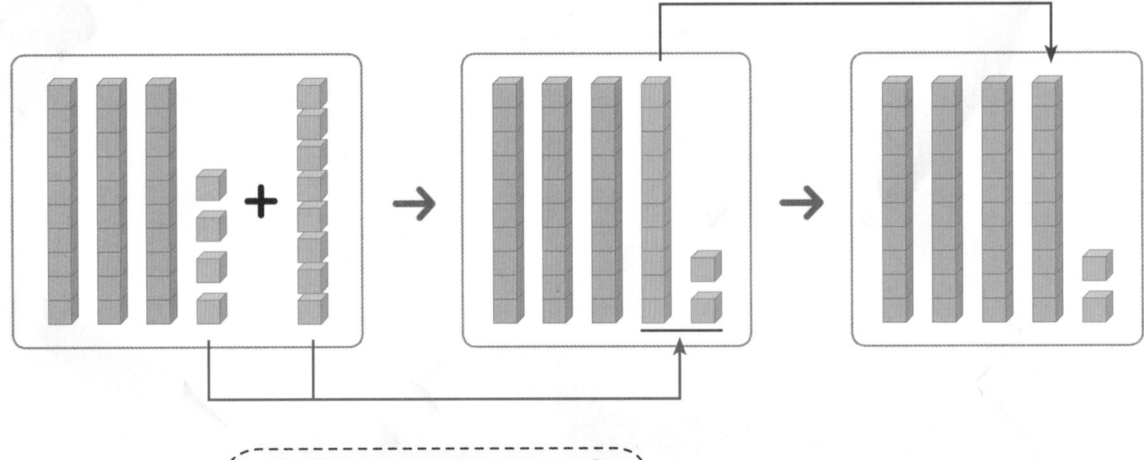

일 모형 4개와 8개를 더하면 일 모형 12개가 돼요.

$$34 + 8 = 42$$

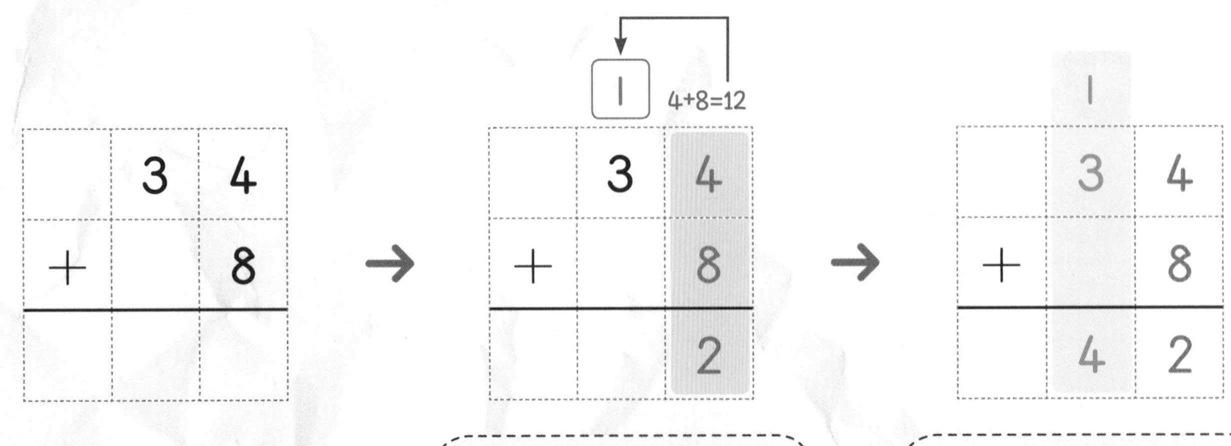

일의 자리 수끼리 더하면 12이므로 10을 받아올림하여 십의 자리 수 위에 작게 1을 써요.

받아올림한 수 1과 십의 자리 수 3을 더한 수 4는 십의 자리 수 자리에 써요.

받아올림이 있는 덧셈을
일의 자리에서부터 순서에 맞게
덧셈을 해 보세요.

	1	
	2	4
+		8
		2

4+8=12 →

	1	
	2	4
+		8
	3	2

17+4 계산하기

01

	1	7
+		4

→

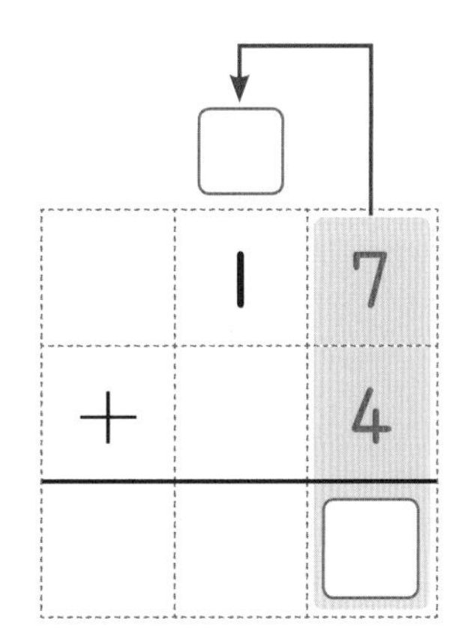

	□	
	1	7
+		4
		□

→

	□	
	1	7
+		4
	□	□

25+9 계산하기

02

	2	5
+		9

→

	□	
	2	5
+		9
		□

→

	□	
	2	5
+		9
	□	□

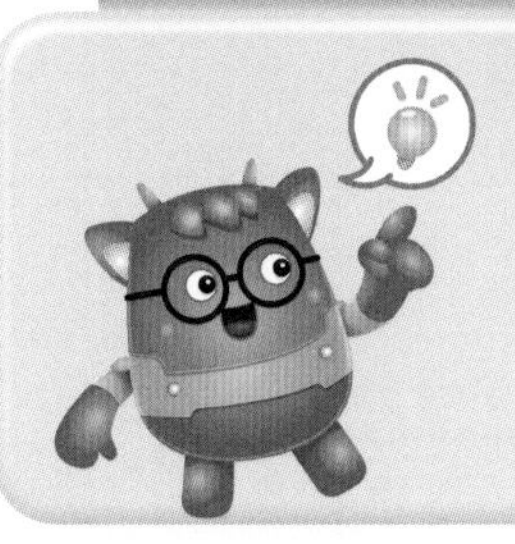

세로셈으로 덧셈하기

받아올림이 있는 (몇십몇)+(몇)을 세로셈으로 해 보세요.

	1	
	2	9
+		5
	3	4

9+5=14

1+2=3

01

	□	
	4	8
+		8

02

	□	
	3	7
+		4

03

	□	
	5	8
+		6

04

	□	
	1	6
+		7

05

	□	
	7	3
+		8

06

	□	
	6	9
+		6

07

	□	
	3	9
+		9

08

	□	
	4	9
+		7

09

	□	
	1	8
+		6

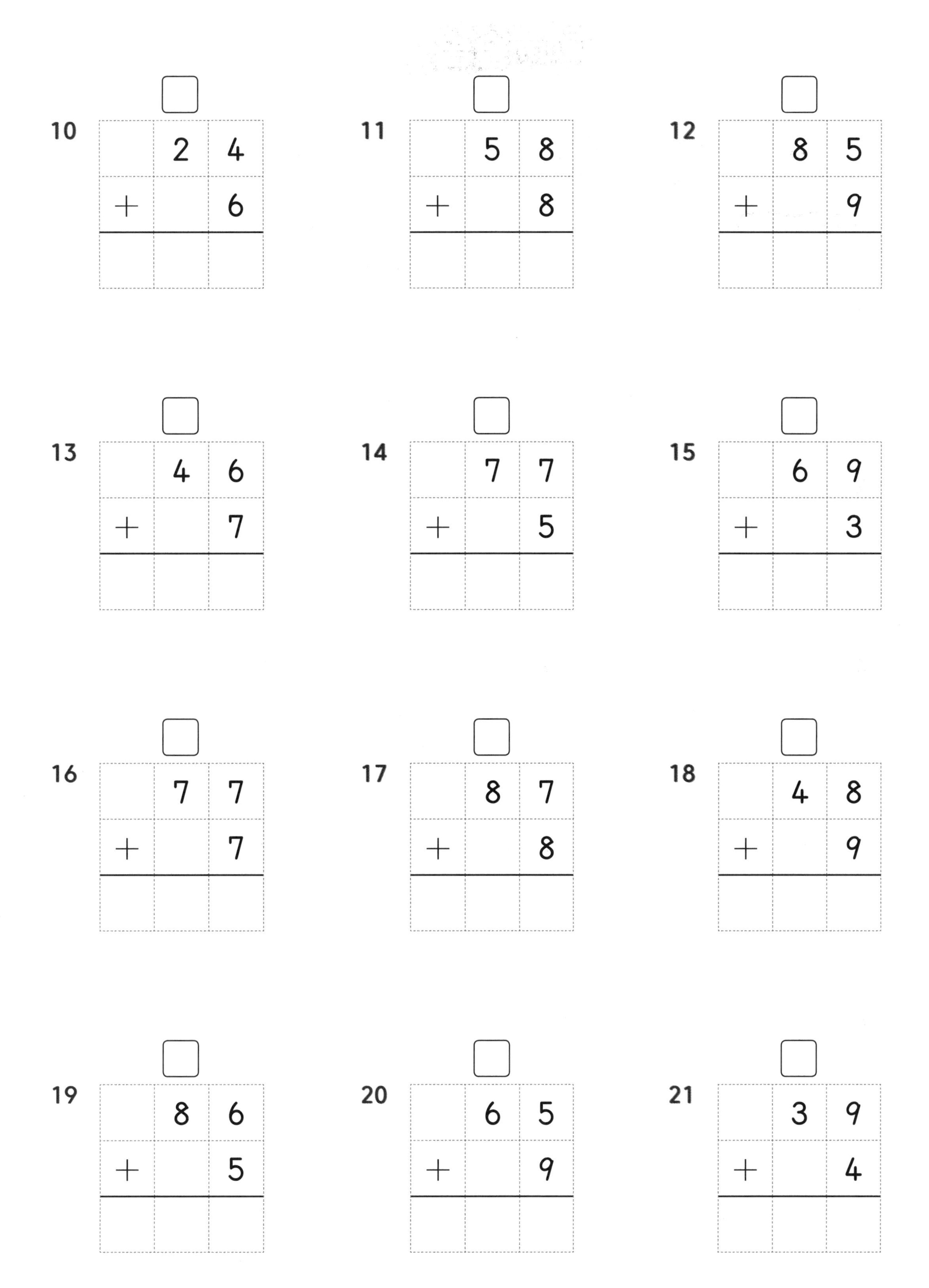
10
2 4
+ 6
11
5 8
+ 8
12
8 5
+ 9
13
4 6
+ 7
14
7 7
+ 5
15
6 9
+ 3
16
7 7
+ 7
17
8 7
+ 8
18
4 8
+ 9
19
8 6
+ 5
20
6 5
+ 9
21
3 9
+ 4

받아올림이 있는 (몇십몇)+(몇)을 가로셈으로 해 보세요.

$\overset{1}{3}7+8=45$ (15)

01 $\overset{1}{4}8+5=$

02 $\overset{1}{2}8+3=$

03 $44+8=$

04 $66+9=$

05 $33+7=$

06 $56+5=$

07 $74+7=$

08 $15+8=$

09 $26+4=$

10 $49+3=$

11 $57+9=$

12 $87+6=$

13 $65+7=$

14 $27+7=$

15 $56+7=$

16 $38+7=$

17 $78+8=$

18 $89+9=$

19 $15+9=$

20 $29+2=$

21 $66+8=$

22 $84+8=$

23 $79+4=$

24 $85+7=$

25 $47+9=$

26 $58+4=$

27 $19+8=$

28 $76+6=$

29 $88+3=$

30 $19+3=$

31 $69+9=$

32 $73+9=$

33 $49+6=$

34 $68+6=$

35 $58+7=$

36 $29+9=$

가르기 하여 덧셈하기

더하는 한 자리 수를 가르기 하여
받아올림이 있는 (몇십몇)+(몇)을 해 보세요.

$54+9=60+3=63$ (9 → 6, 3)

01 $38+3=40+1=\square$ (3 → 2, 1)

02 $55+6=\square+\square=\square$ (6 → 5, $\square$)

03 $89+4=\square+\square=\square$ (4 → 1, $\square$)

04 $45+7=\square+\square=\square$ (7 → 5, $\square$)

05 $27+9=$

06 $69+4=$

07 $76+9=$

08 $25+8=$

09 $48+4=$

10 $56+7=$

11 $15+6=$

12 $35+9=$

13 $17+7=$

14 $12+9=$

15 $36+5=$

16 $75+7=$

17 $67+6=$

18 $26+8=$

19 $44+9=$

20 $59+9=$

21 $77+9=$

22 $88+9=$

23 $16+6=$

24 $36+8=$

25 $78+6=$

26 $45+6=$

27 $38+6=$

28 $55+8=$

29 $63+8=$

30 $27+5=$

받아올림이 한 번 있는 (두 자리 수)+(두 자리 수)

일의 자리에서의 받아올림은 십의 자리에 1로 표시하고, 십의 자리에서의 받아올림은 백의 자리에 1로 표시하여 더해요.

1 일의 자리에서 받아올림이 있는 (두 자리 수)+(두 자리 수)

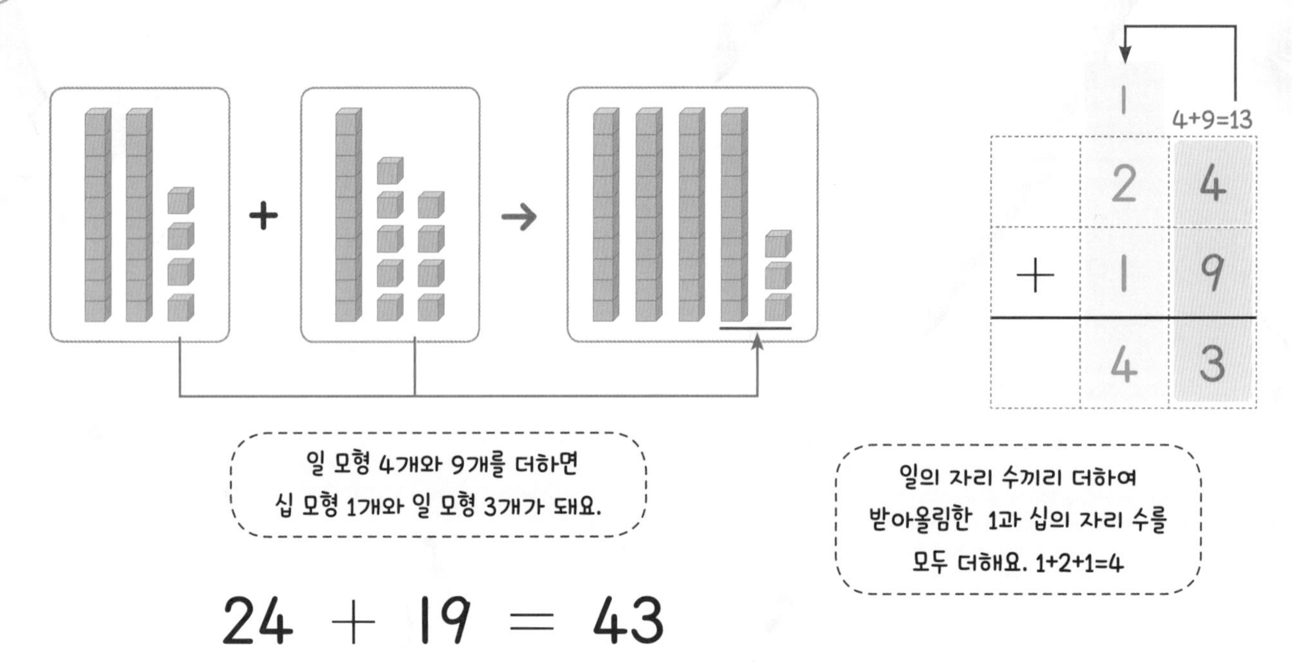

1
4+9=13
2 4
+ 1 9
4 3
일 모형 4개와 9개를 더하면 십 모형 1개와 일 모형 3개가 돼요.
일의 자리 수끼리 더하여 받아올림한 1과 십의 자리 수를 모두 더해요. 1+2+1=4

$24 + 19 = 43$

2 십의 자리에서 받아올림이 있는 (두 자리 수)+(두 자리 수)

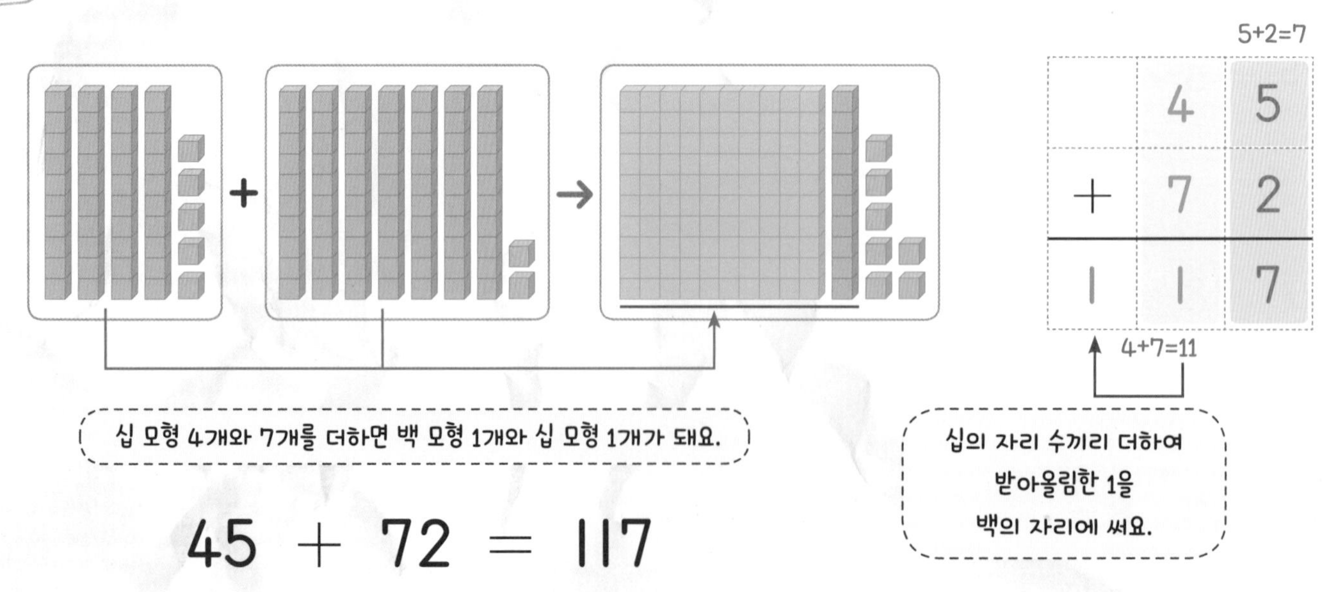

$45 + 72 = 117$

받아올림이 있는 자리에 맞게
덧셈을 해 보세요.

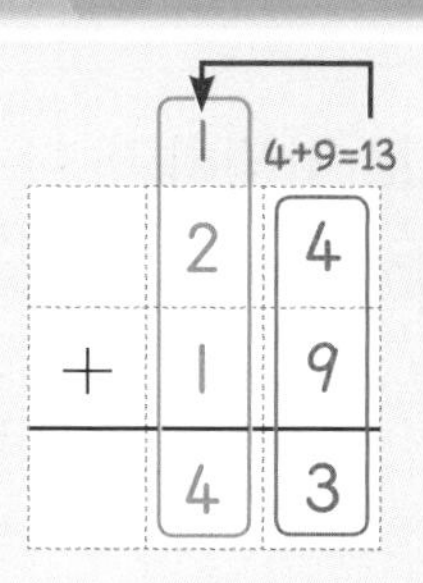

01 17+38 계산하기

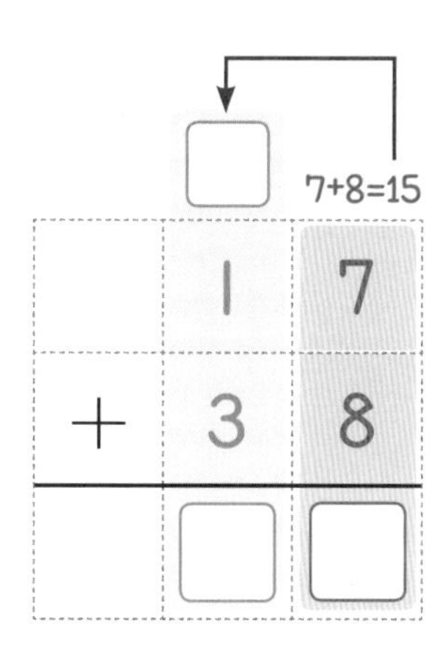

02 26+36 계산하기

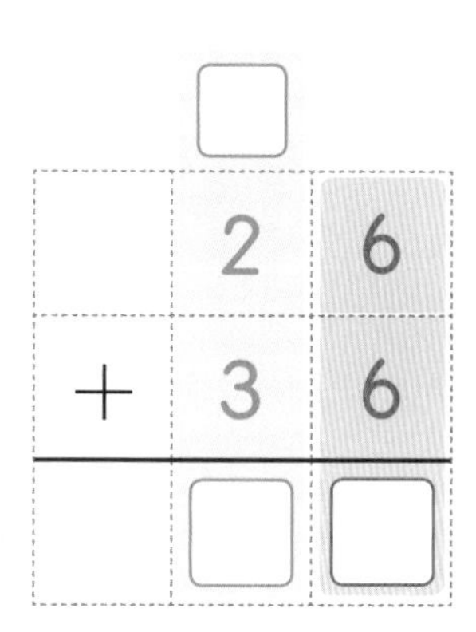

03 21+86 계산하기

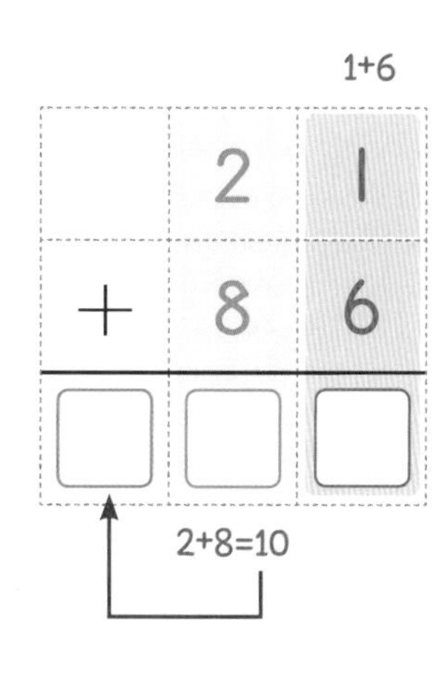

04 41+72 계산하기

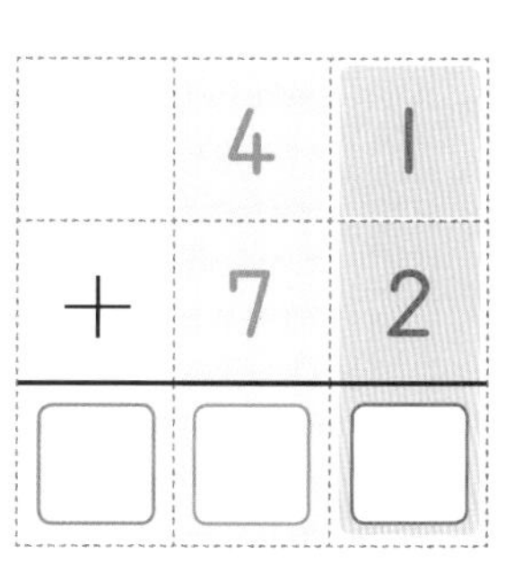

세로셈으로 덧셈하기 1

일의 자리에서 받아올림이 있는
(몇십몇)+(몇십몇)을 세로셈으로 해 보세요.

	1	
	1	2
+	1	9
	3	1

2+9=11
1+1+1=3

01

	3	4
+	3	9

02

	1	5
+	4	8

03

	5	7
+	2	6

04

	2	6
+	4	8

05

	1	7
+	7	8

06

	2	8
+	2	4

07

	4	4
+	4	8

08

	5	7
+	1	4

09

	6	7
+	1	7

세로셈으로 덧셈하기 2

십의 자리에서 받아올림이 있는
(몇십몇)+(몇십몇)을 세로셈으로 해 보세요.

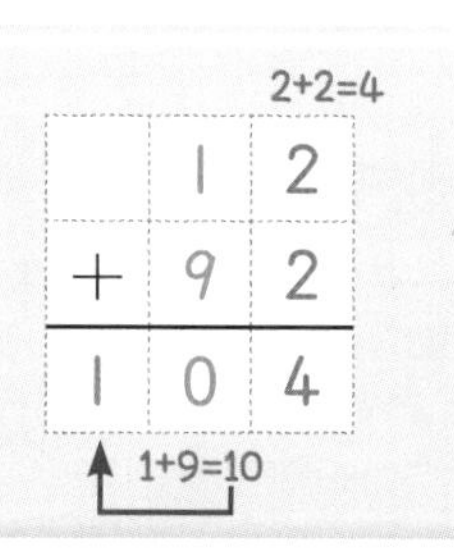

01

	2	3
+	9	4

02

	1	7
+	9	1

03

	5	3
+	7	3

04

	6	4
+	7	5

05

	7	4
+	7	3

06

	9	3
+	1	4

07

	3	1
+	9	8

08

	8	3
+	3	4

09

	4	7
+	9	1

받아올림이 한 번 있는 (두 자리 수)+(두 자리 수)를
가로셈으로 해 보세요.
가로셈은 세로셈으로 바꾸어 계산해도 돼요.

01 $36+57=$

02 $53+73=$

03 $47+13=$

04 $17+45=$

05 $54+54=$

06 $62+72=$

07 $73+82=$

08 $29+49=$

09 $95+93=$

10 $53+76=$

11 $16+66=$

12 $57+91=$

13 $65+92=$

14 $48+39=$

15 $24+28=$

16 $62+61=$

17 $38+55=$

18 $74+95=$

19 $28+29=$

20 $55+81=$

21 $58+22=$

22 $67+28=$

23 $39+53=$

24 $42+75=$

25 $55+72=$

26 $78+19=$

27 $44+36=$

28 $63+95=$

29 $24+37=$

30 $77+91=$

31 $37+34=$

32 $91+98=$

33 $26+68=$

34 $46+26=$

35 $39+47=$

36 $64+83=$

세로셈과 가로셈

받아올림이 한 번 있는 (두 자리 수)+(두 자리 수)를 세로셈과 가로셈으로 해 보세요.

47+17=64

47	17
64	

47	64
17	

$$\begin{array}{r} 47 \\ +\ 17 \\ \hline 64 \end{array}$$

01

47	35

02

83	83

03

58	16

04

83	
93	

05

43	
29	

06

93	
95	

07

28	54

08

43	66

09

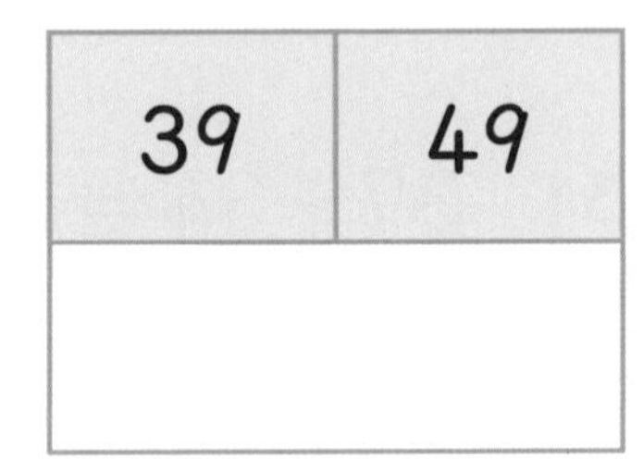

39	49

10

72	
76	

11

49	
12	

12

94	
91	

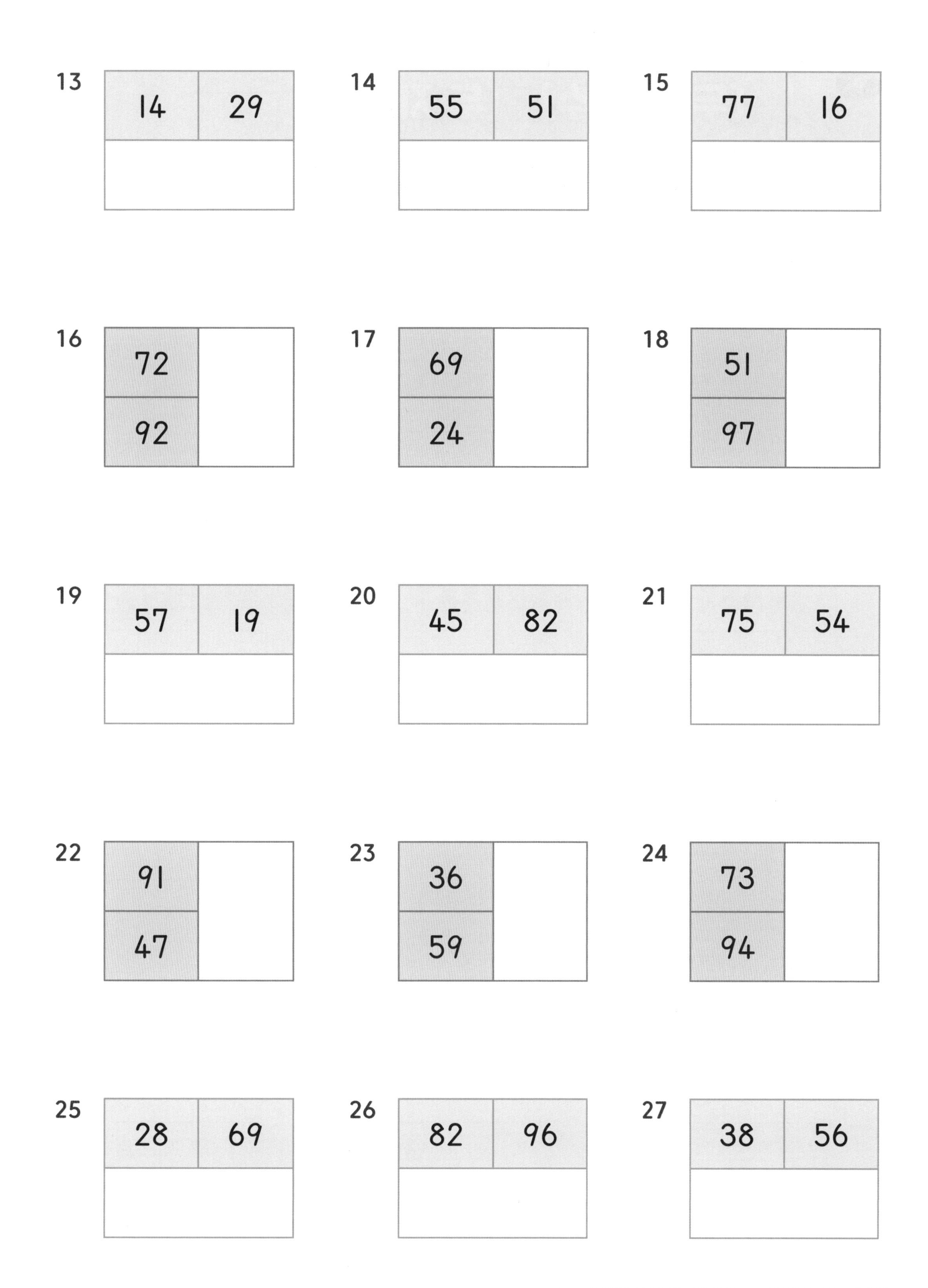
13
14
29
14
55
51
15
77
16
16
72
92
17
69
24
18
51
97
19
57
19
20
45
82
21
75
54
22
91
47
23
36
59
24
73
94
25
28
69
26
82
96
27
38
56

받아올림이 두 번 있는 (두 자리 수)+(두 자리 수)

받아올림이 두 번 있는 덧셈은 일의 자리에서의 받아올림은 십의 자리에 1로, 십의 자리에서의 받아올림은 백의 자리에 1로 올려 더해요.

1 일의 자리와 십의 자리에서 받아올림이 있는 (두 자리 수)+(두 자리 수)

십 모형 4개와 7개를 더하면 백 모형 1개와 십 모형 1개가 돼요.

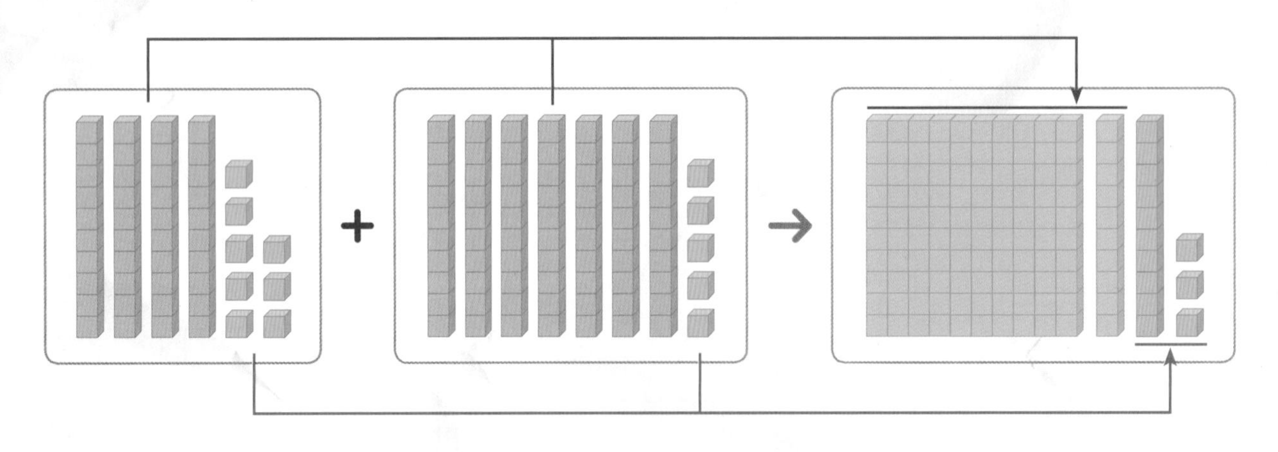

일 모형 8개와 5개를 더하면 십 모형 1개와 일 모형 3개가 돼요.

$$48 + 75 = 123$$

	4	8
+	7	5

→

	1	
	4	8
+	7	5
		3

8+5=13

→

	1	
	4	8
+	7	5
1	2	3

1+4+7=12

일의 자리와 십의 자리에서 각각 받아올림을 하여 덧셈을 해 보세요.

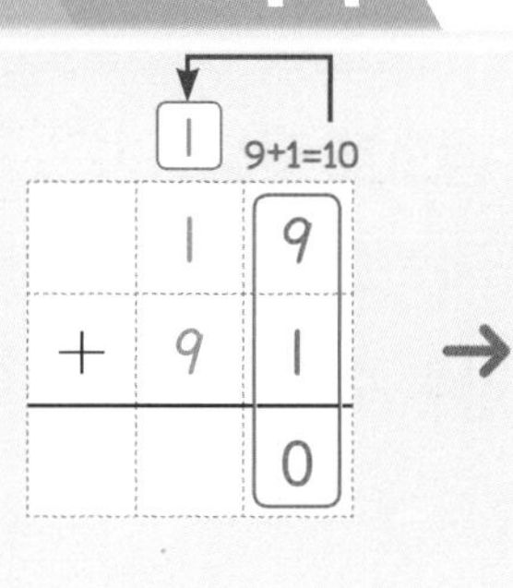

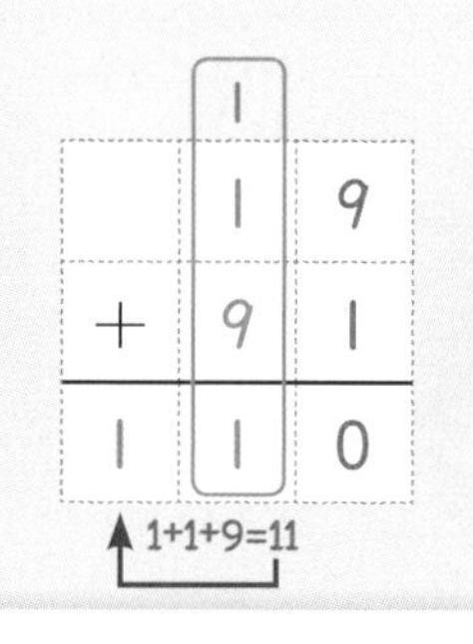

01 25+75 계산하기

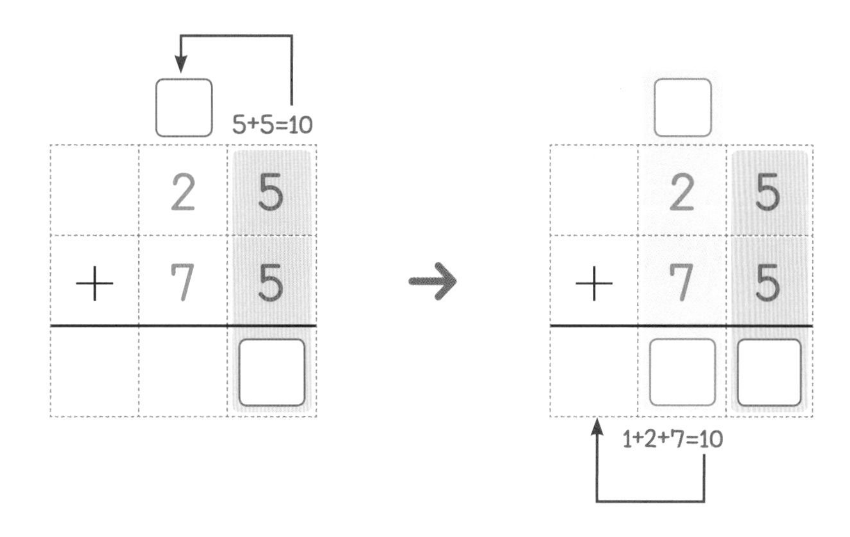

02 39+64 계산하기

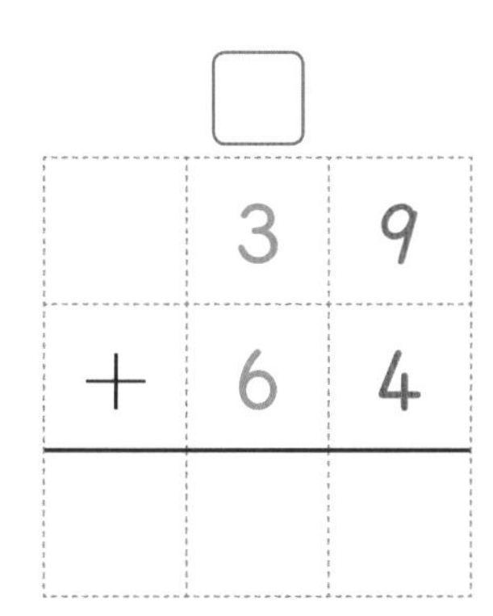

03 46+86 계산하기

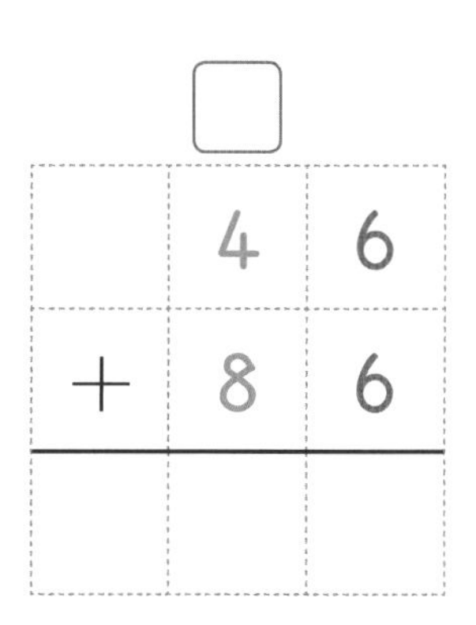

세로셈으로 덧셈하기

일의 자리와 십의 자리에서 받아올림이 있는
(두 자리 수)+(두 자리 수)를 세로셈으로 해 보세요.

	1	
	5	4
+	6	6
1	2	0

4+6=10
1+5+6=12

01

	4	6
+	5	6

02

	5	7
+	8	4

03

	5	3
+	7	9

04

	6	9
+	9	1

05

	2	8
+	8	5

06

	4	3
+	7	8

07

	4	9
+	5	5

08

	6	6
+	9	9

09

	4	8
+	8	3

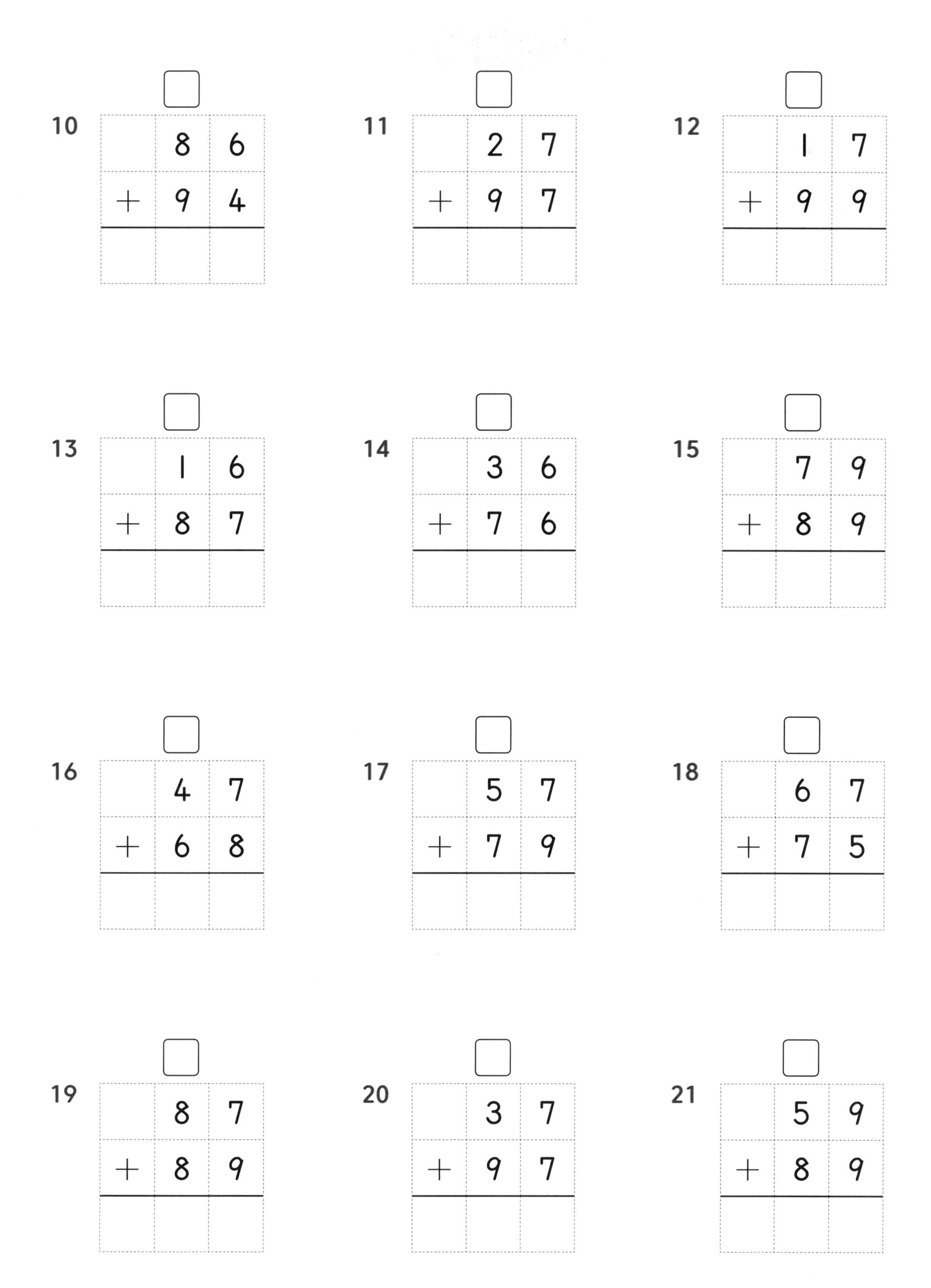
10
8 6
+ 9 4
11
2 7
+ 9 7
12
1 7
+ 9 9
13
1 6
+ 8 7
14
3 6
+ 7 6
15
7 9
+ 8 9
16
4 7
+ 6 8
17
5 7
+ 7 9
18
6 7
+ 7 5
19
8 7
+ 8 9
20
3 7
+ 9 7
21
5 9
+ 8 9

받아올림이 두 번 있는 (두 자리 수)+(두 자리 수)를 가로셈으로 해 보세요.

01 $55+56=$

02 $63+87=$

03 $76+96=$

04 $99+34=$

05 $48+72=$

06 $57+78=$

07 $72+89=$

08 $55+66=$

09 $55+46=$

10 $86+37=$

11 $43+59=$

12 $57+94=$

13 $65+98=$

14 $14+98=$

15 $79+71=$

16 $17+94=$

17 $88+17=$

18 $29+91=$

19 $78+27=$

20 $89+87=$

21 $85+67=$

22 $79+66=$

23 $77+74=$

24 $89+99=$

25 $95+99=$

26 $89+64=$

27 $68+53=$

28 $79+88=$

29 $56+44=$

30 $78+85=$

31 $35+88=$

32 $79+29=$

33 $97+94=$

34 $55+76=$

35 $93+67=$

36 $68+64=$

가로셈과 세로셈

받아올림이 두 번 있는 (두 자리 수)+(두 자리 수)를 가로셈과 세로셈으로 해 보세요.

73+98=171

73	98
171	

73	171
98	

$$\begin{array}{r} 73 \\ +98 \\ \hline 171 \end{array}$$

01

19	96

02

76	28

03

39	61

04

89	
74	

05

51	
99	

06

65	
96	

07

77	87

08

94	96

09

88	52

10

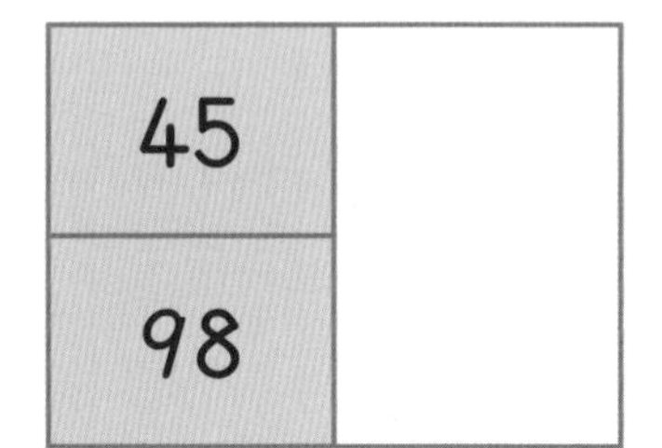

45	
98	

11

66	
37	

12

18	
93	

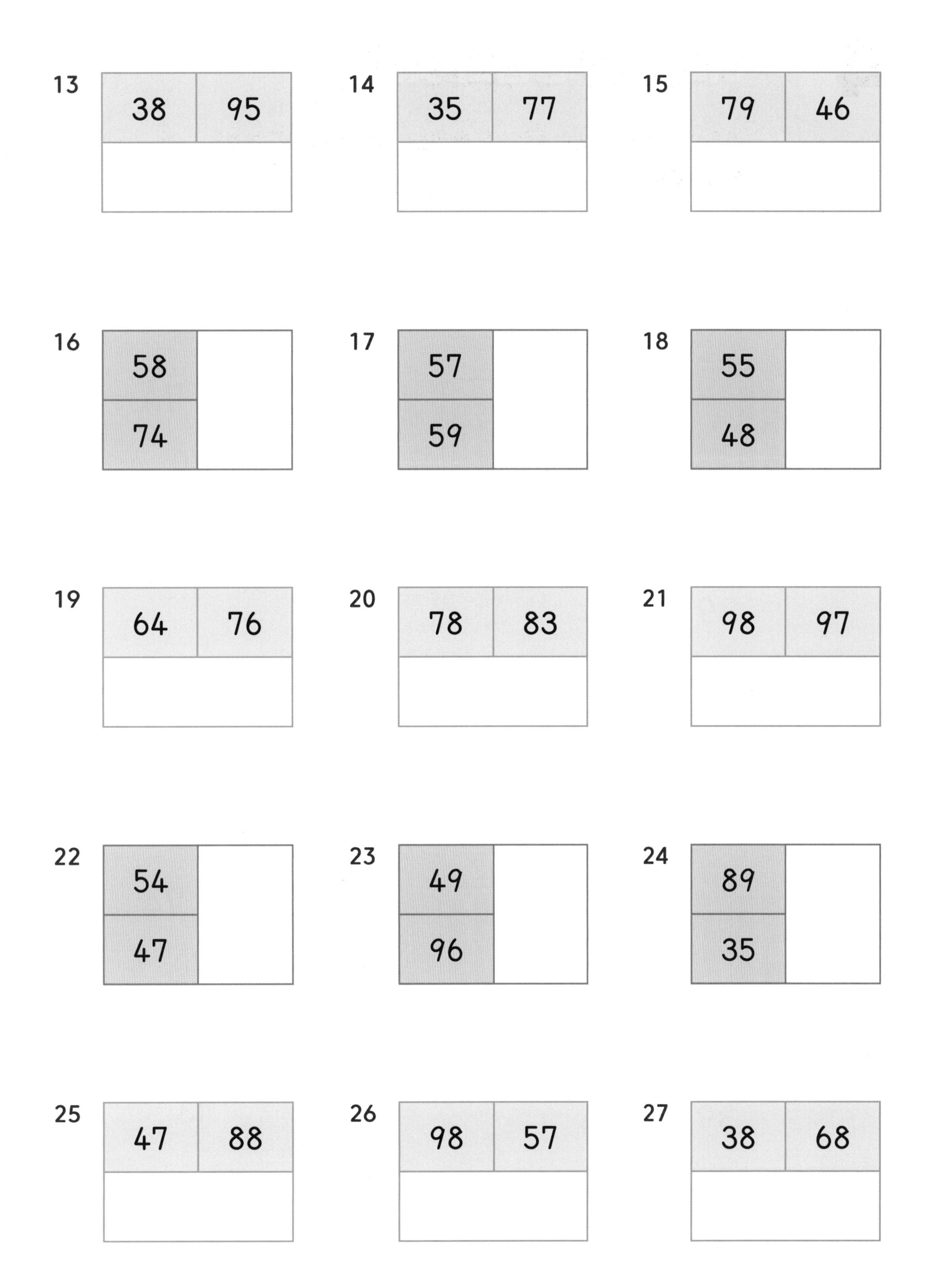

13
38
95
14
35
77
15
79
46
16
58
74
17
57
59
18
55
48
19
64
76
20
78
83
21
98
97
22
54
47
23
49
96
24
89
35
25
47
88
26
98
57
27
38
68

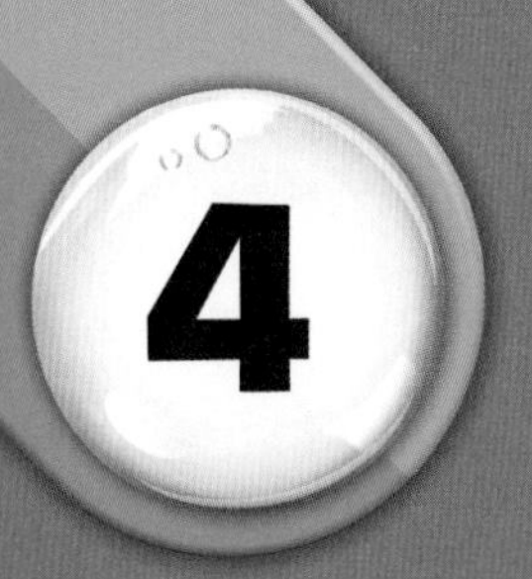

4 여러 가지 방법의 덧셈

가르기를 이용하여 받아올림이 두 번 있는 덧셈을 여러 가지 방법으로 할 수 있어요.

1 더하는 수를 가르기 하여 더하기

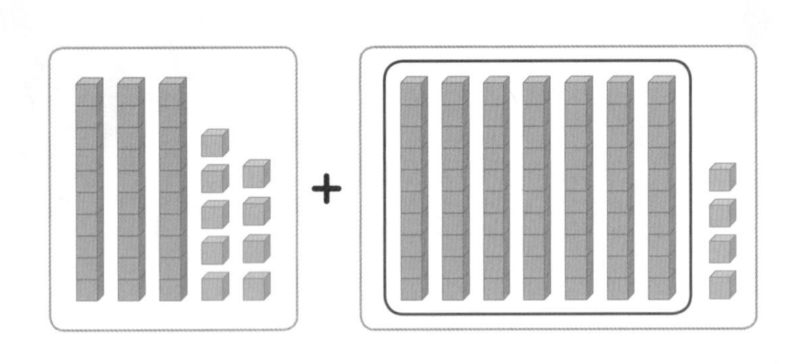

더해지는 수　더하는 수

$39 + 74$

74 → 70, 4

39 + 70 = 109

109 + 4 = 113

$39 + 74$

더하는 수 74를 70과 4로 가르기 하여 더해지는 수 39와 70을 먼저 더한 후, 그 결과와 남은 수 4를 더해요.

2 더하는 수와 더해지는 수를 가르기 하여 더하기

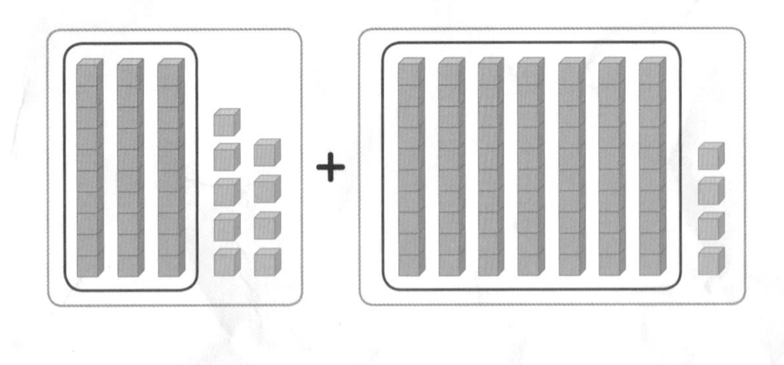

$39 + 74$

39 → 30, 9　74 → 70, 4

30 + 70 = 100

9 + 4 = 13

100 + 13 = 113

$39 + 74$

두 수를 각각 (몇십)+(몇)으로 가르기 하여 몇십은 몇십끼리 몇은 몇끼리 더해요.

수를 가르기 하여
더하기를 해요.

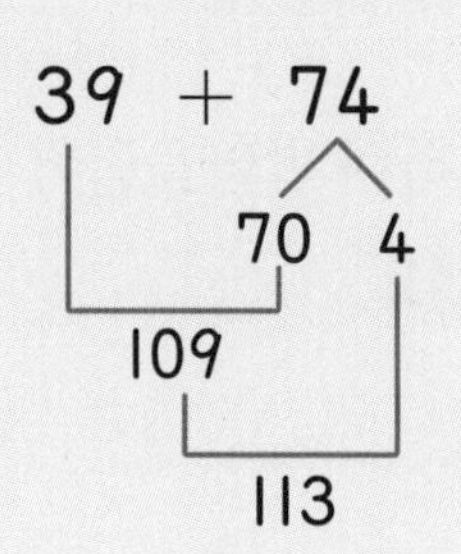

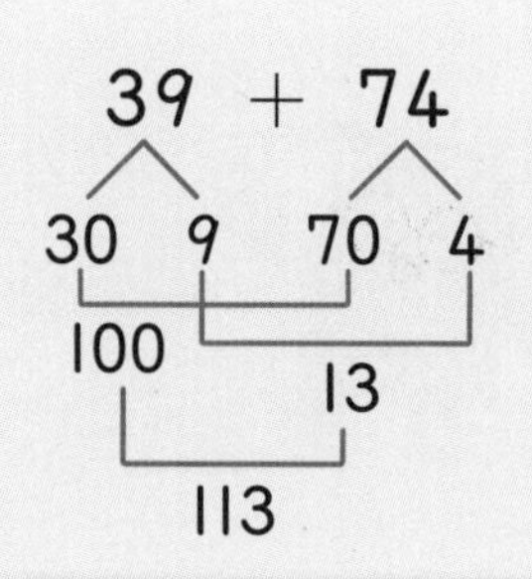

01 35+98 계산하기

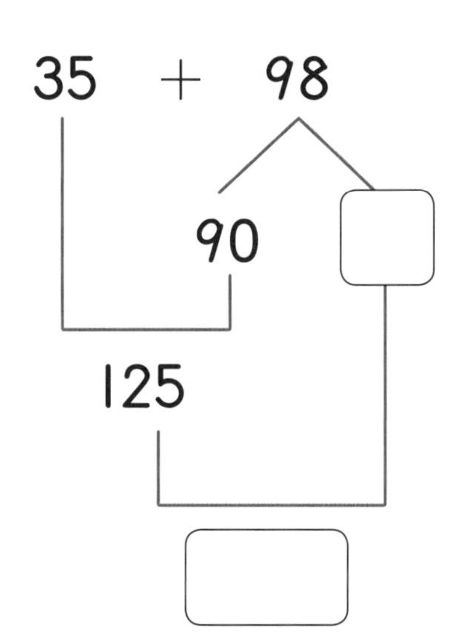

02 47+64 계산하기

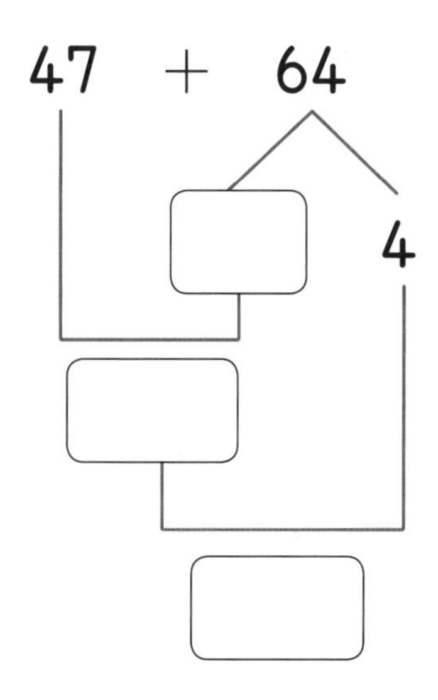

03 19+84 계산하기

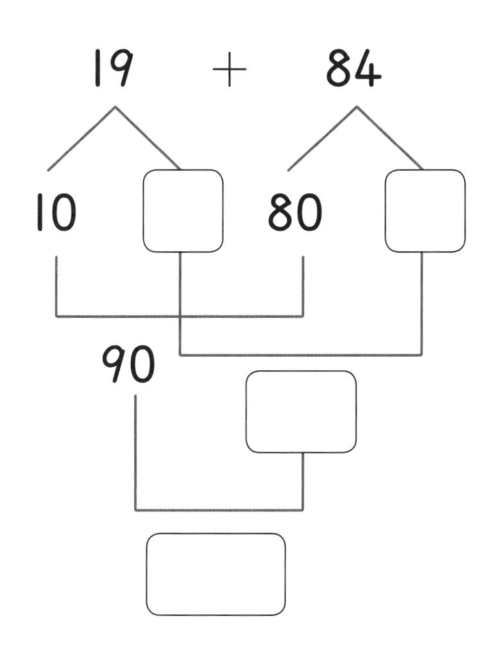

04 74+46 계산하기

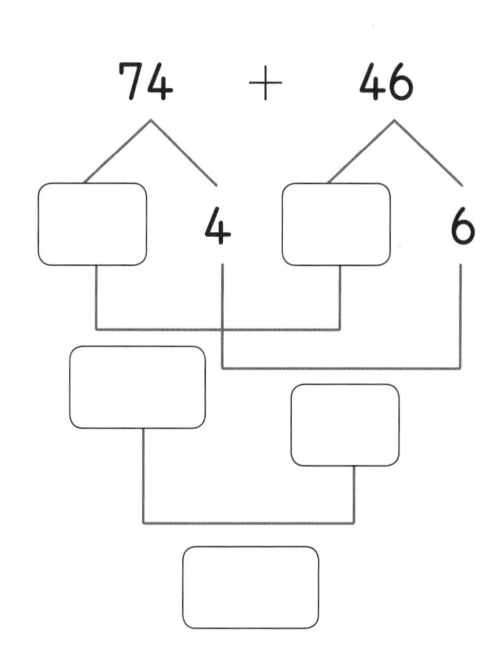

가르기를 이용하여 받아올림이 두 번 있는 덧셈을 해 보세요.

01 15 + 89

15+80

95

02 27 + 84

107

03 37 + 75

04 44 + 76

05 56 + 87

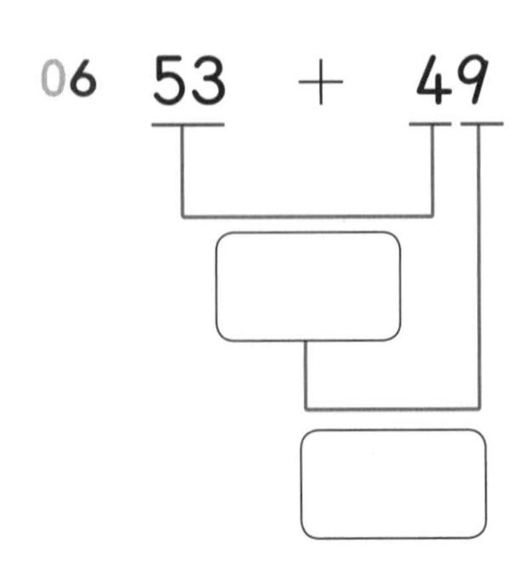

06 53 + 49

07

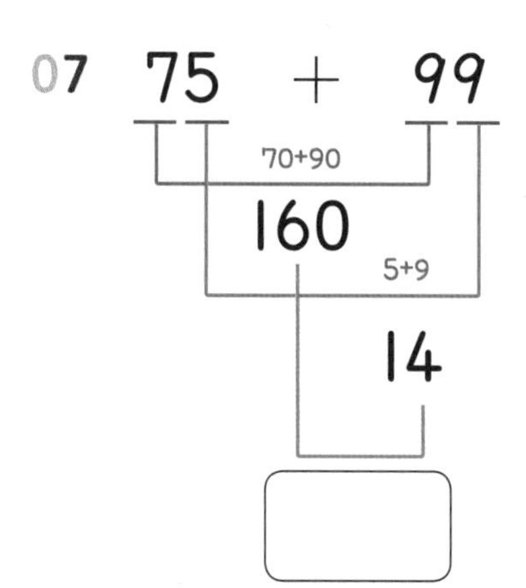

08

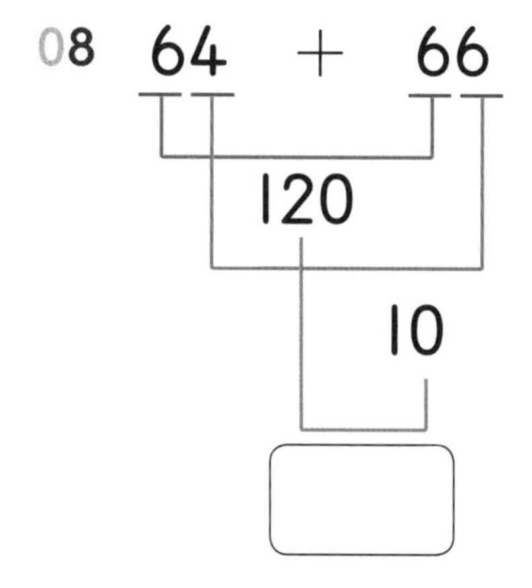

09

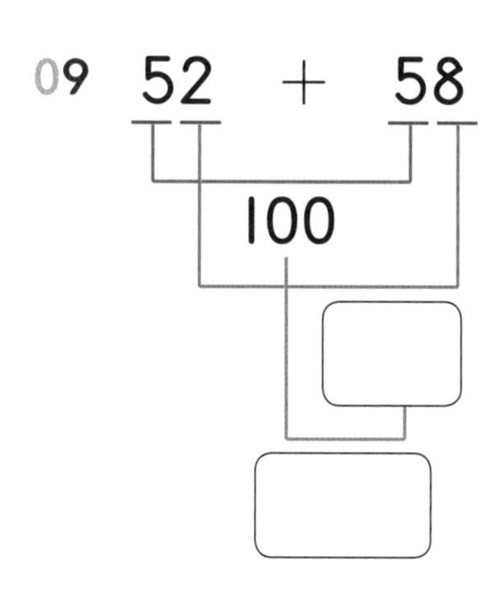

10

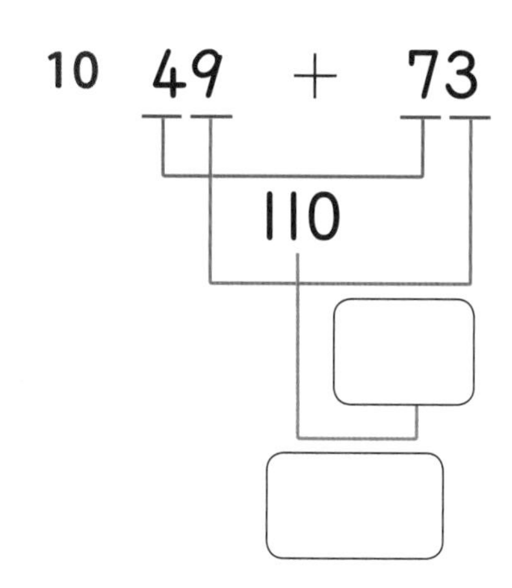

11

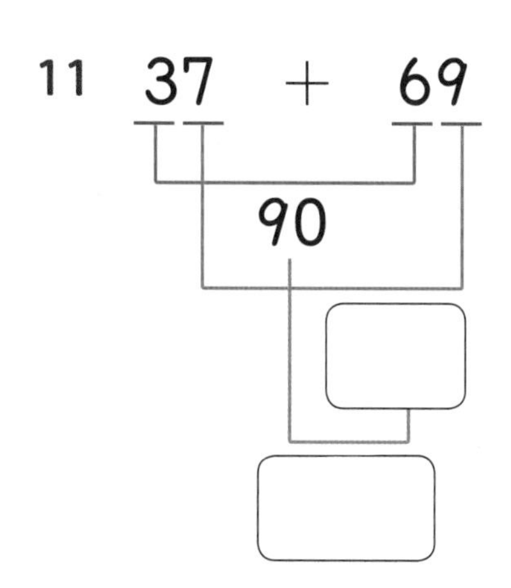

12 78 + 39

100

13 26 + 89

100

14

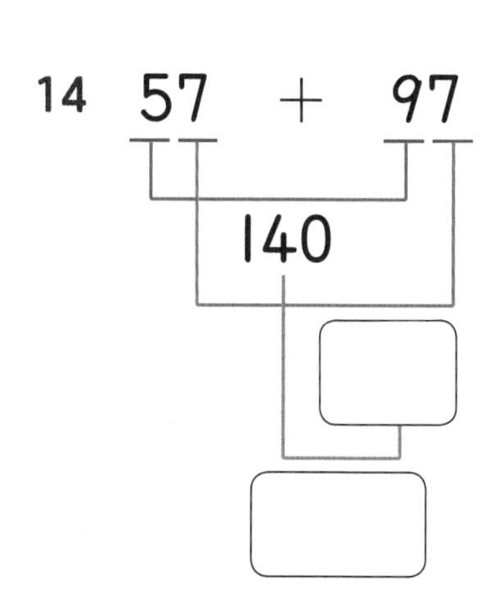

가로셈으로 가르기를 이용한 덧셈을 해 보세요.

01 $56 + 78$

$= 56 + 70 + \square$

$= 126 + \square$

$= \square$

02 $88 + 63$

$= 88 + 60 + \square$

$= 148 + \square$

$= \square$

03 $76 + 94$

$= 76 + 90 + \square$

$= \square + \square$

$= \square$

04 $89 + 85$

$= 89 + 80 + \square$

$= \square + \square$

$= \square$

05 $47 + 59$

$= 47 + 50 + \square$

$= \square + \square$

$= \square$

06 $73 + 38$

$= 73 + 30 + \square$

$= \square + \square$

$= \square$

07 $57+66$

$= \square + 7 + 60 + 6$

$= \square + 13$

$= \square$

08 $67+97$

$= \square + 7 + 90 + 7$

$= \square + 14$

$= \square$

09 $61+69$

$= \square + 1 + \square + 9$

$= \square + 10$

$= \square$

10 $76+78$

$= \square + 6 + \square + 8$

$= \square + 14$

$= \square$

11 $85+87$

$= \square + 5 + \square + 7$

$= \square + 12$

$= \square$

12 $66+77$

$= \square + 6 + \square + 7$

$= \square + 13$

$= \square$

13 $99+13$

$= \square + 9 + \square + 3$

$= \square + 12$

$= \square$

14 $88+47$

$= \square + 8 + \square + 7$

$= \square + 15$

$= \square$

주어진 블록에 맞게 가르기를 하여
덧셈을 해 보세요.

56+78

56	78 ← 70 8
56+70 → 126	8
126+8 → 134	

01

25	68
85	☐
☐	

02

35	49
75	☐
☐	

03

46	24
☐	☐
☐	

04

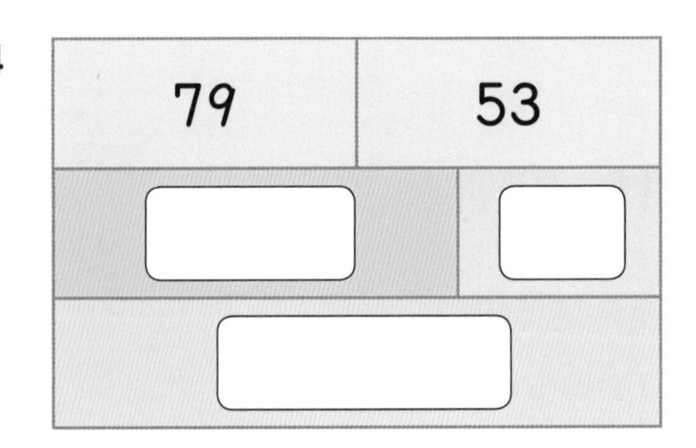

79	53
☐	☐
☐	

05

84	67
☐	☐
☐	

06

39	98
☐	☐
☐	

주어진 블록에 맞게 가르기를 하여 덧셈을 해 보세요.

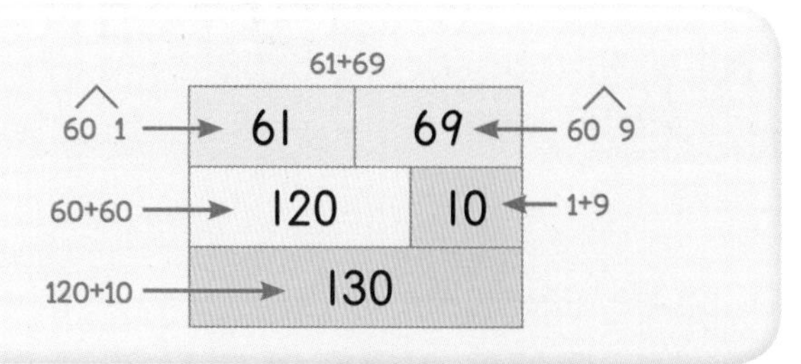

01

36	19
40	☐
☐	

02

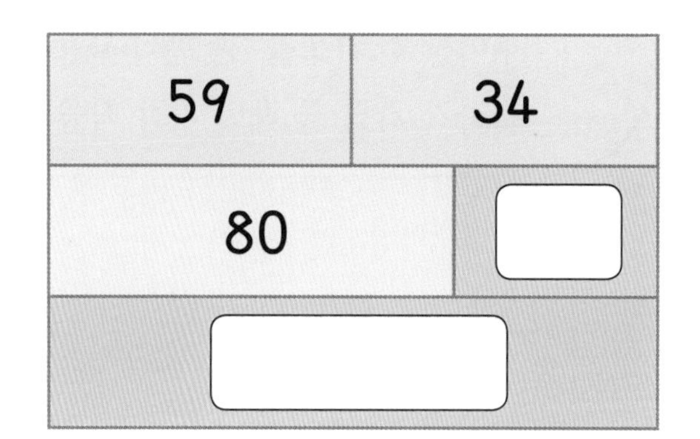

03

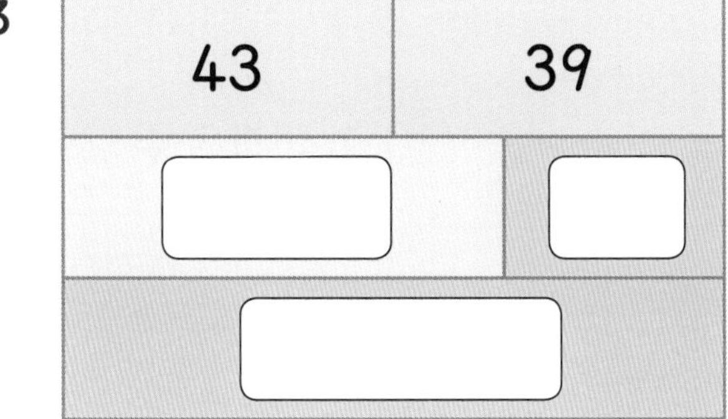

04

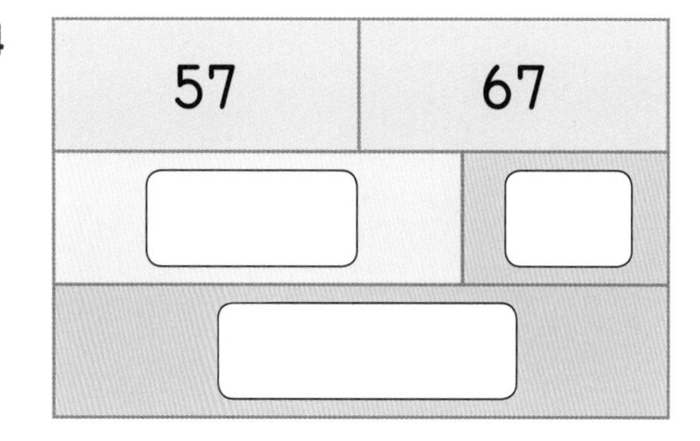

05

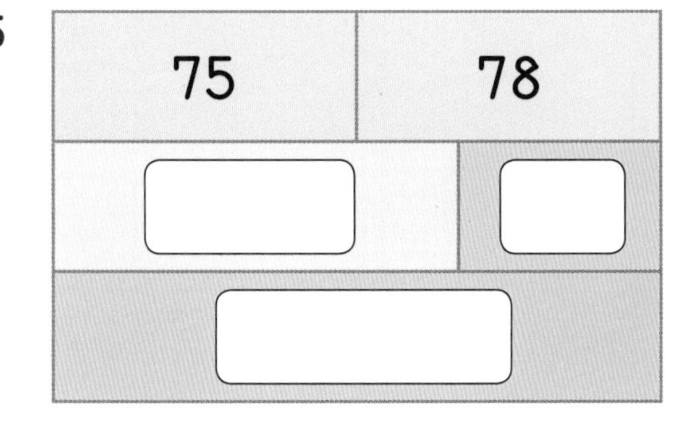

06

67	95
☐	☐
☐	

1~4 연산의 활용

1에서 배운 연산으로 해결해 봐요!

▶ 덧셈을 이용하여 가장 큰 수와 가장 작은 수를 만들어요

주어진 수 카드를 한 번씩 사용하여 만들 수 있는 두 자리 수 덧셈식의 결과가 가장 클 때와 가장 작을 때를 각각 구해 보세요.

01

7 5

가장 큰 수

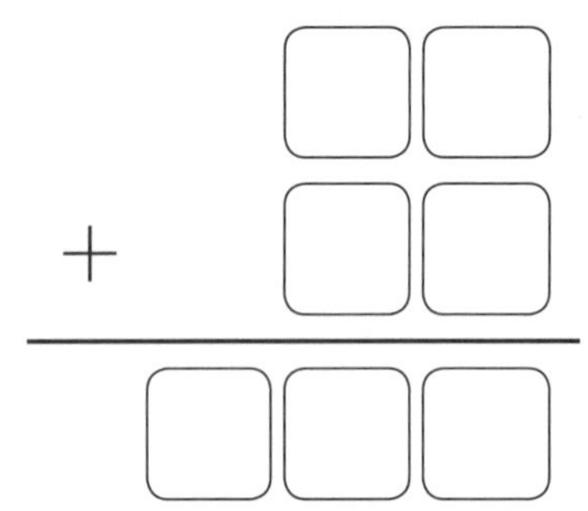

가장 작은 수

02

3 0

6 9

가장 큰 수

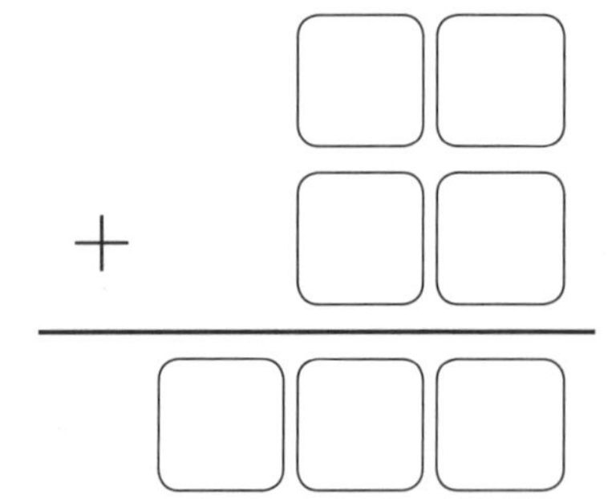

가장 작은 수

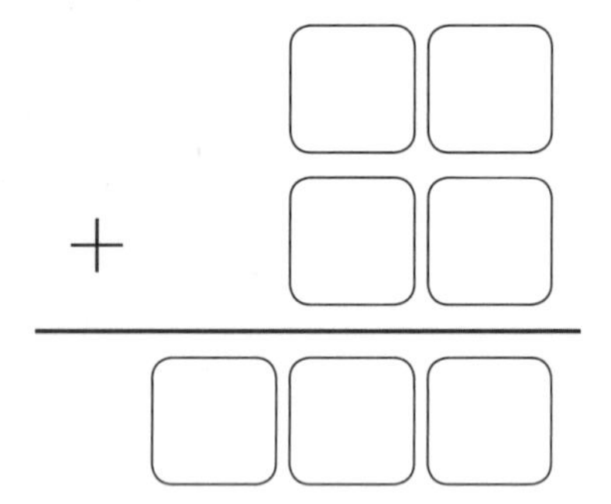

03

6 9

8 7

가장 큰 수

가장 작은 수

▶ **규칙에 맞게 계산해 봐요**

오른쪽 규칙에 따라 덧셈을 해 보세요.

01 [1, 4, 7] + (2, 0, 5) = ☐

02 [2, 1, 4] + (5, 3, 3) = ☐

03 [6, 2, 5] + (1, 6, 3) = ☐

04 [1, 2, 9] + (4, 8, 2) = ☐

▶ **문장의 뜻을 이해하며 식을 세워 봐요**

이야기 속에 주어진 조건을 생각하며 덧셈식을 세우고 답을 구해 보세요.

01 예성이의 아버지의 나이는 43살입니다. 19년 후에 아버지의 나이는 몇 살입니까?

식 답 살

02 강당에 의자가 85개 놓여 있습니다. 의자가 부족하여 29개를 더 놓았을 때, 의자는 모두 몇 개입니까?

식 답 개

03 희주가 모은 캐릭터 카드는 모두 35장이고, 현선이가 모은 캐릭터 카드는 희주의 카드보다 3장이 더 많을 때, 희주와 현선이의 카드는 모두 몇 장입니까?

식 답 장

04 어떤 기차의 칸에 87명이 타고 있습니다. 이번 역에서 36명이 더 탔을 때, 이 칸에 타고 있는 사람은 모두 몇 명입니까?

식 답 명

1에서 무엇을 배웠을까요?

$$\begin{array}{r} {}^{1} \\ 34 \\ +\ \ 8 \\ \hline 42 \end{array}$$

받아올림이 있는 (두 자리 수)+(한 자리 수)

일의 자리의 합이 10이 되면 십의 자리로 받아올림해요

$$\begin{array}{r} {}^{1} \\ 24 \\ +\ 19 \\ \hline 43 \end{array} \qquad \begin{array}{r} 45 \\ +\ 72 \\ \hline 117 \end{array}$$

받아올림이 한 번 있는 (두 자리 수)+(두 자리 수)

일의 자리에서 한 번 받아올림하거나 십의 자리에서 한 번 받아올림해요.

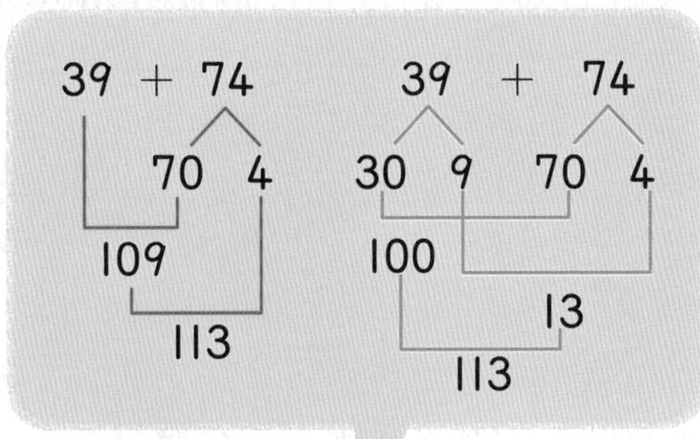

$$\begin{array}{r} {}^{1} \\ 48 \\ +\ 75 \\ \hline 123 \end{array}$$

받아올림이 두 번 있는 (두 자리 수)+(두 자리 수)

일의 자리에서의 받아올림은 십의 자리로, 십의 자리에서의 받아올림은 백의 자리에 1로 쓴 후에 계산해요.

여러 가지 방법의 덧셈

더하는 수를 가르기 하여 더하거나 더하는 수와 더해지는 수를 가르기 하여 더해요.

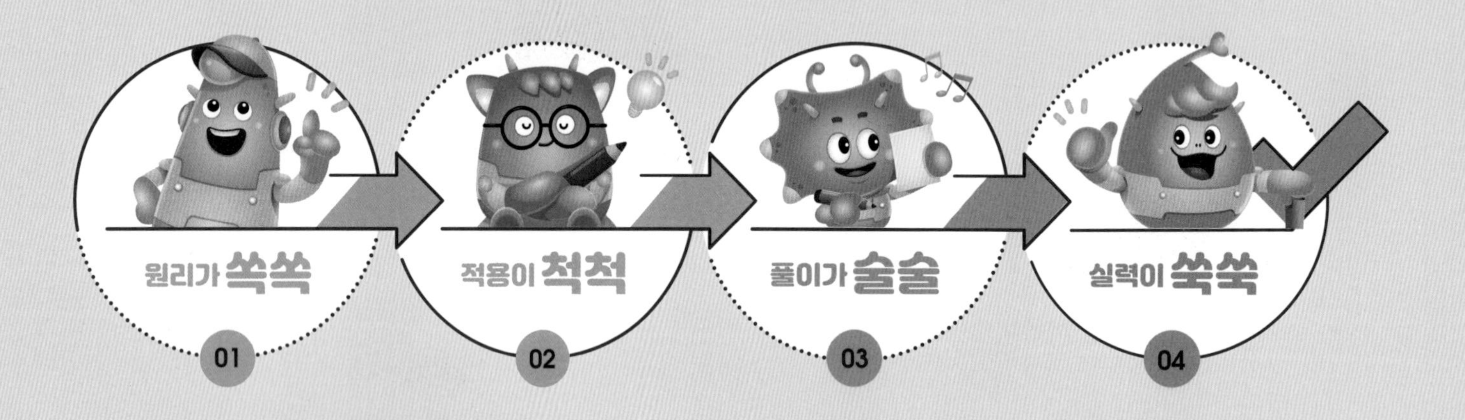
원리가 쏙쏙
01
적용이 척척
02
풀이가 술술
03
실력이 쑥쑥
04

2

두 자리 수의 뺄셈

받아내림이 있는 (두 자리 수)-(한 자리 수)

받아내림이 있는 (몇십몇)과 (몇)의 뺄셈은 일의 자리의 수끼리 뺄셈을 할 수 없기 때문에 십의 자리에서 10을 일의 자리로 받아내리고, 십의 자리 수는 1만큼 작은 수로 고쳐 적은 후에 계산을 해요.

1 받아내림이 있는 (두 자리 수)-(한 자리 수)

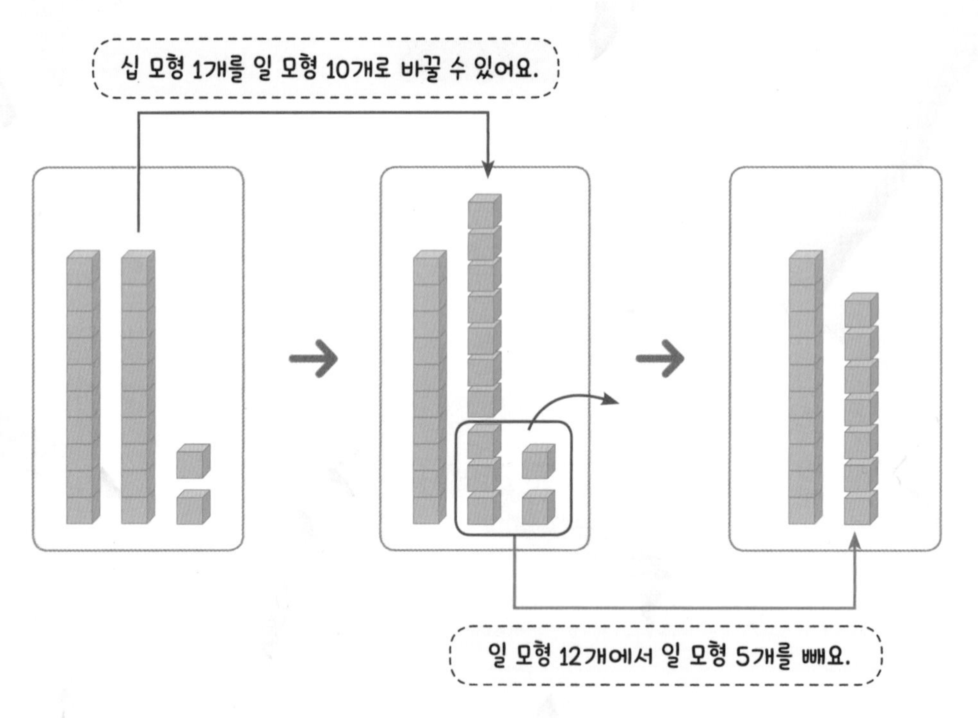
십 모형 1개를 일 모형 10개로 바꿀 수 있어요.
일 모형 12개에서 일 모형 5개를 빼요.

22 - 5 = 17

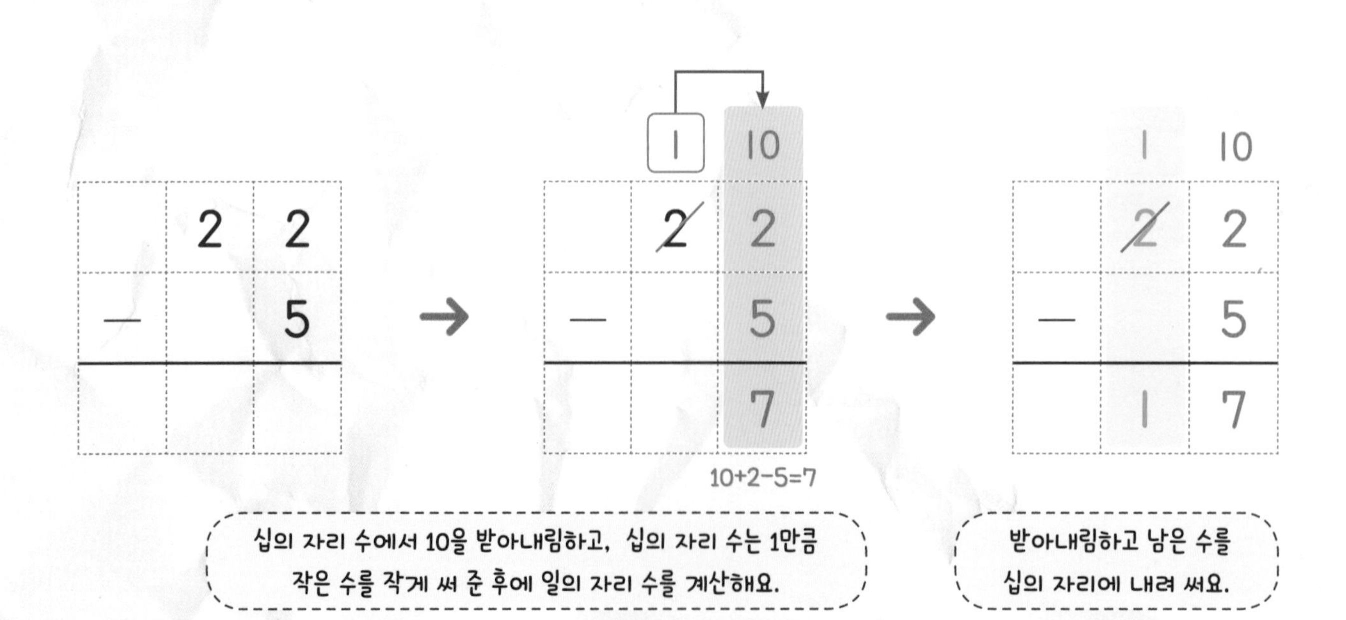
1
10
2
2
-
5
7
10+2-5=7
1
17
십의 자리 수에서 10을 받아내림하고, 십의 자리 수는 1만큼 작은 수를 작게 써 준 후에 일의 자리 수를 계산해요.
받아내림하고 남은 수를 십의 자리에 내려 써요.

십의 자리에서 받아내려
순서에 맞게 뺄셈을 해 보세요.

	2	10
	~~3~~	6
−		8
		8

→

	2	10
	~~3~~	6
−		8
	2	8

53−4 계산하기

01

	5	3
−		4

→

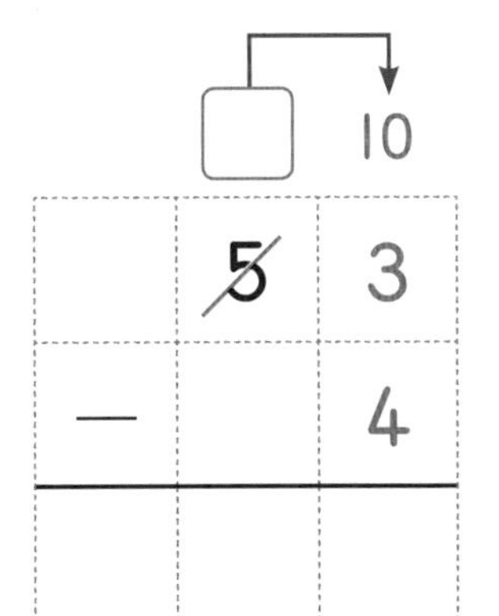

→

	□	10
	~~5~~	3
−		4
	□	□

41−2 계산하기

02

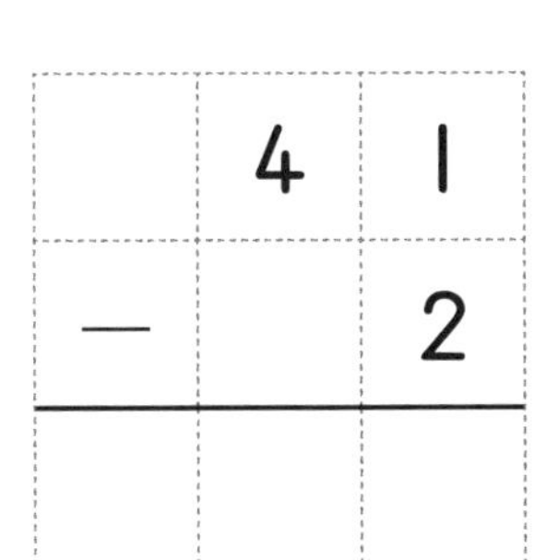

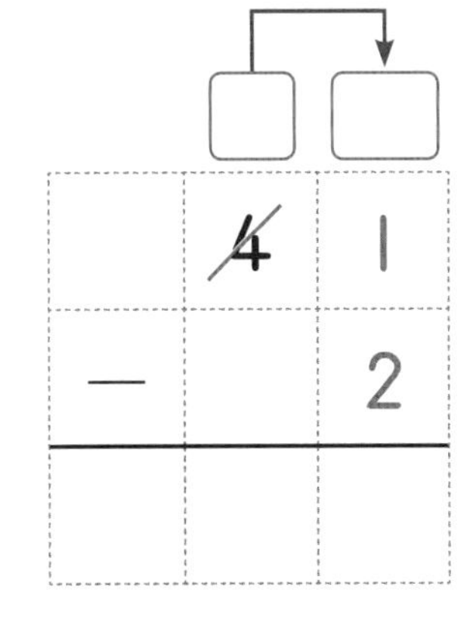

→

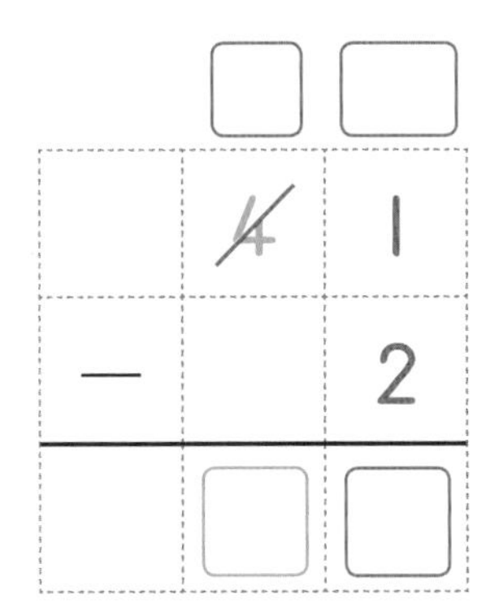

원리가 쏙쏙 | 적용이 척척 | 풀이가 술술 | 실력이 쑥쑥

세로셈으로 뺄셈하기

받아내림이 있는 (몇십몇)−(몇)을 세로셈으로 해 보세요.

	1	10
	~~2~~	5
−		9
	1	6

← 15-9=6

01

	3	10
	~~4~~	1
−		5

02

	2	10
	~~3~~	1
−		3

03

	5	10
	~~6~~	6
−		9

04

	□	□
	5	0
−		4

05

	□	□
	6	2
−		8

06

	□	□
	8	3
−		6

07

	□	□
	2	1
−		8

08

	□	□
	9	2
−		5

09

	□	□
	4	6
−		9

10

	6	2
−		4

11

	9	6
−		7

12

	3	1
−		6

13

	7	4
−		7

14

	2	7
−		8

15

	6	4
−		5

16

	8	1
−		3

17

	4	3
−		6

18

	8	8
−		9

19

	9	3
−		9

20

	5	5
−		6

21

	7	1
−		5

원리가 쏙쏙 적용이 척척 풀이가 술술 실력이 쑥쑥

받아내림이 있는 (몇십몇)−(몇)을 가로셈으로 해 보세요.

$\overset{5\ 10}{\cancel{6}}4 - 6 = 58$

01 $\overset{3\ 10}{\cancel{4}}3 - 8 =$

02 $72 - 3 =$

03 $22 - 6 =$

04 $43 - 4 =$

05 $20 - 3 =$

06 $34 - 5 =$

07 $71 - 6 =$

08 $56 - 8 =$

09 $81 - 8 =$

10 $42 - 7 =$

11 $76 - 9 =$

12 $23 - 7 =$

13 $51 - 5 =$

14 $81 - 4 =$

15 $42 - 9 =$

16 $94-6=$

17 $42-3=$

18 $61-7=$

19 $54-7=$

20 $66-7=$

21 $84-8=$

22 $90-2=$

23 $32-7=$

24 $53-9=$

25 $71-4=$

26 $92-3=$

27 $32-4=$

28 $82-8=$

29 $62-4=$

30 $92-8=$

31 $73-8=$

32 $93-7=$

33 $51-7=$

34 $85-9=$

35 $58-9=$

36 $53-5=$

연속하여 뺄셈하기

받아내림이 있는 뺄셈을 가로셈과 세로셈으로 연속하여 해 보세요.

81	7	74
		5
		69

81-7=74

74-5=69

01

74	6	
		9

02

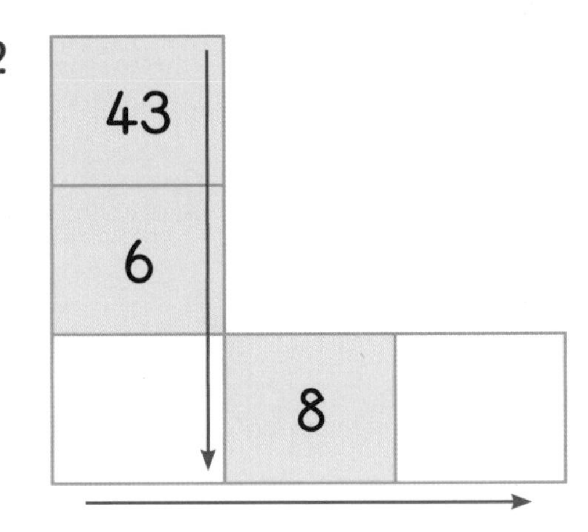

03

41	8	
		6

04

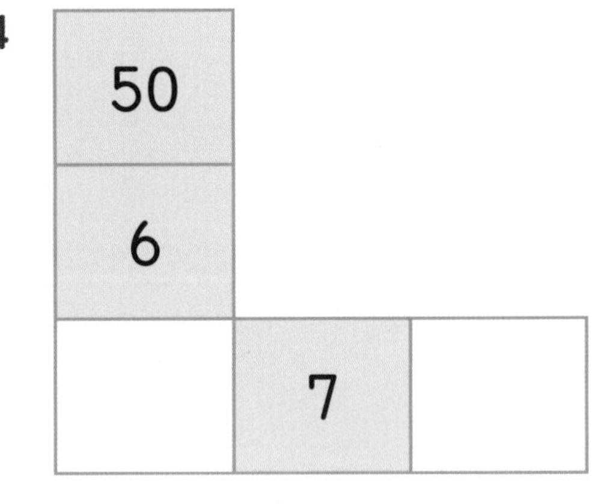

05

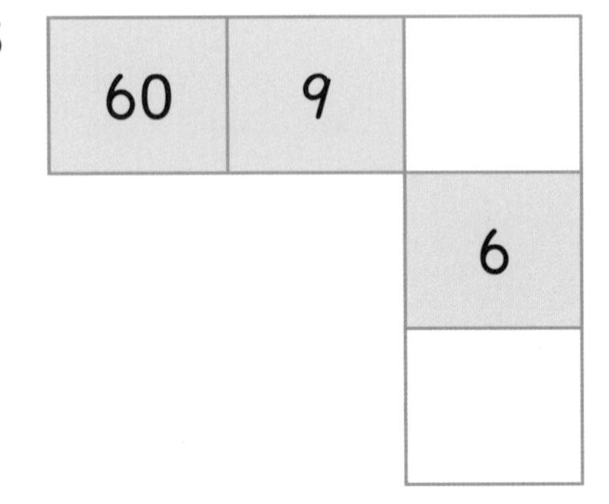

06

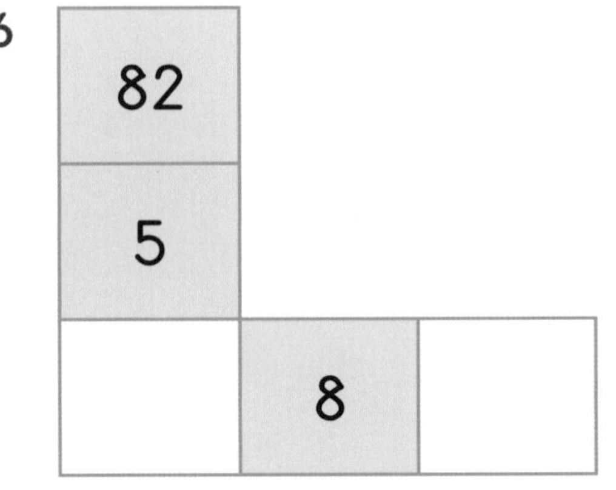

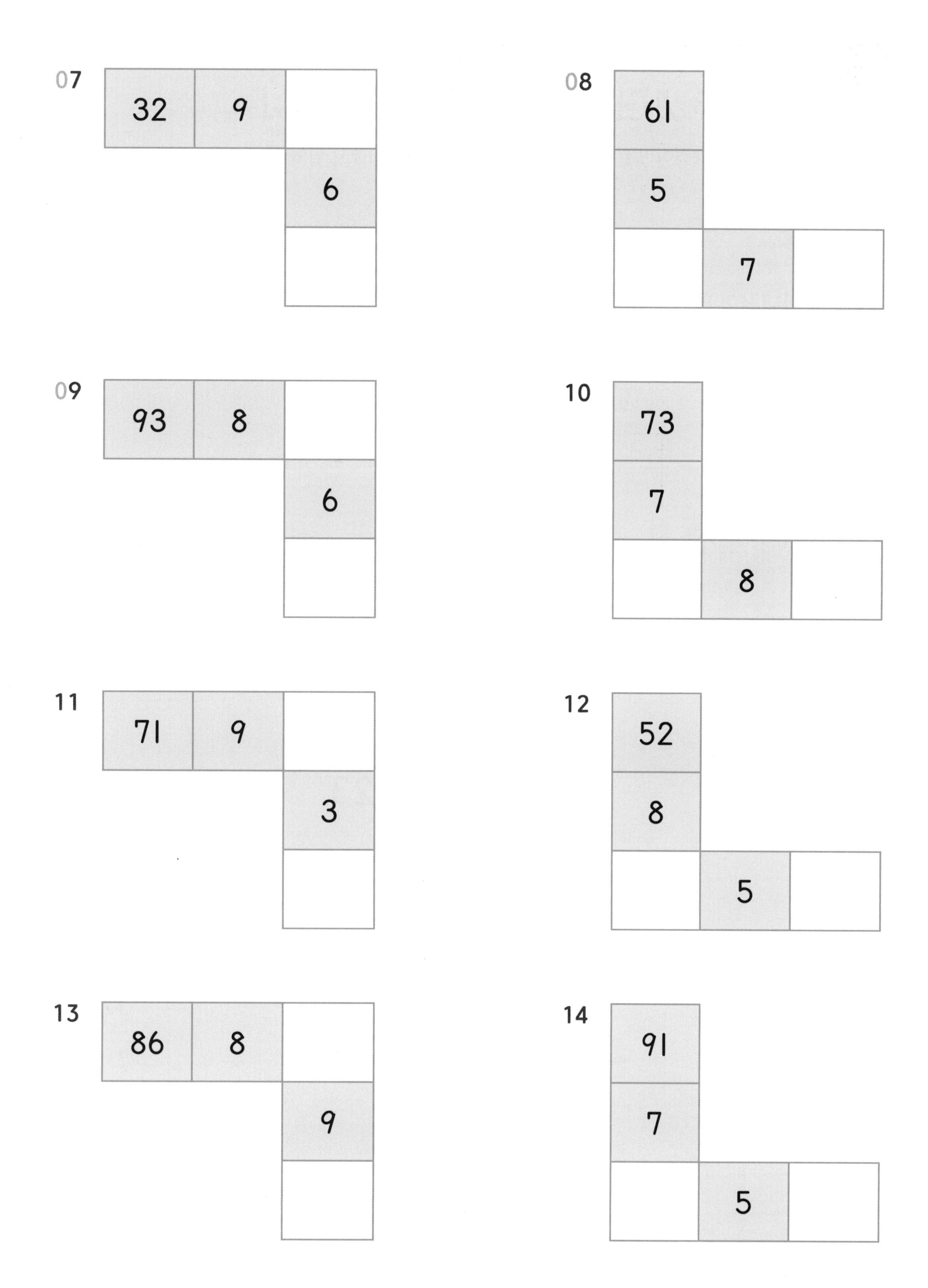
07
32
9
6
08
61
5
7
09
93
8
6
10
73
7
8
11
71
9
3
12
52
8
5
13
86
8
9
14
91
7
5

받아내림이 있는 (두 자리 수)−(두 자리 수) 1

받아내림이 있는 (몇십)과 (몇십몇)의 뺄셈은 0에서 일의 자리 수를 뺄 수 없기 때문에 10을 받아내려 계산해요.

1 받아내림이 있는 (몇십)−(몇십몇)

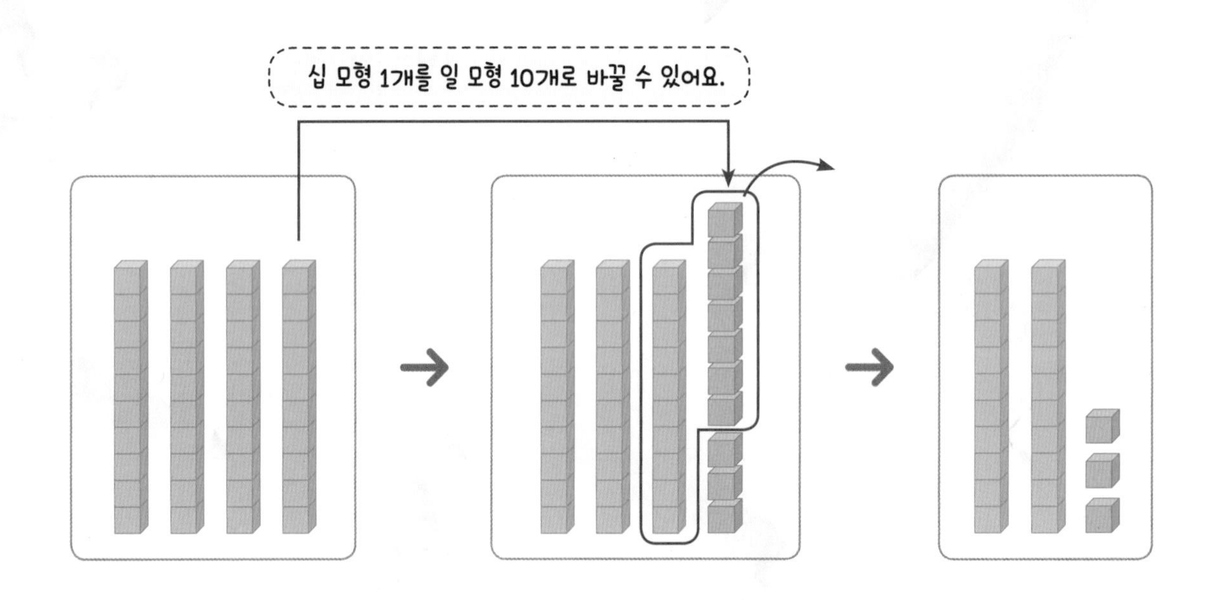

십 모형 1개를 일 모형 10개로 바꿀 수 있어요.

$$40 - 17 = 23$$

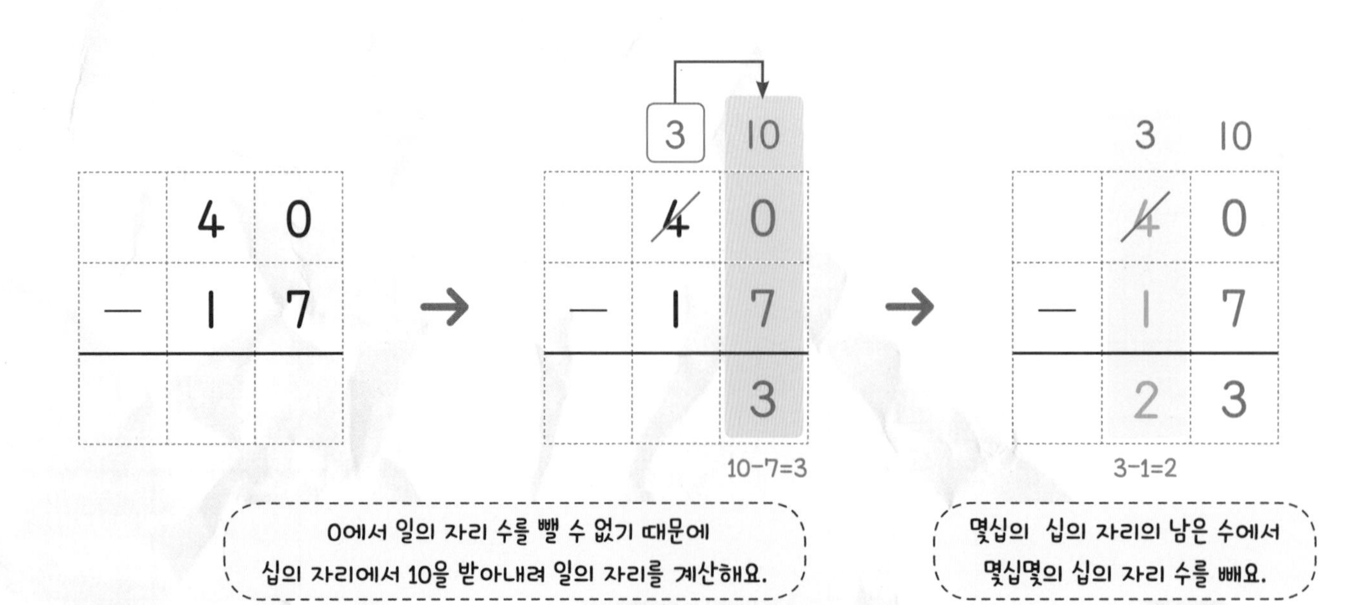
십의 자리에서 10을 받아내려 일의 자리를 계산해요.

몇십의 십의 자리의 남은 수에서
몇십몇의 십의 자리 수를 빼요.

십의 자리에서 받아내려
순서에 맞게 뺄셈을 해 보세요.

	4	10
	~~5~~	0
−	3	4
		6

→

	4	10
	~~5~~	0
−	3	4
	1	6

50−17 계산하기

01

	5	0
−	1	7

→

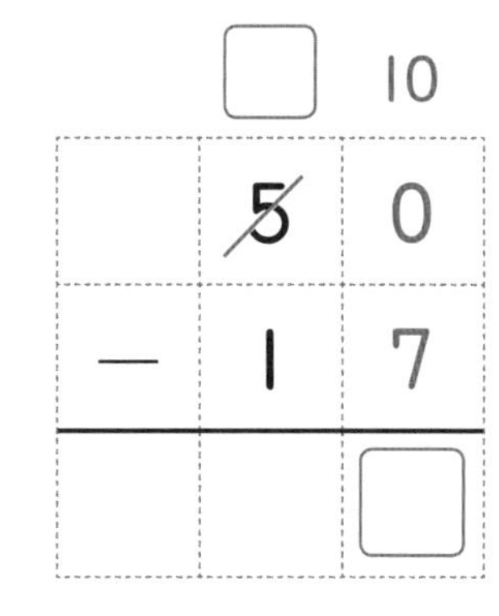

→

	□	10
	~~5~~	0
−	1	7
	□	□

70−32 계산하기

02

	7	0
−	3	2

→

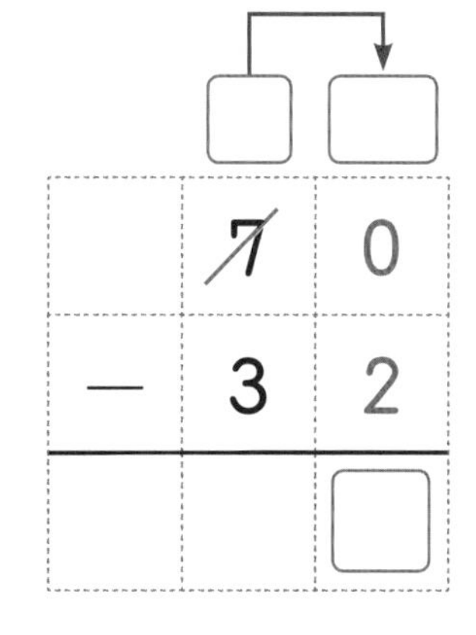

→

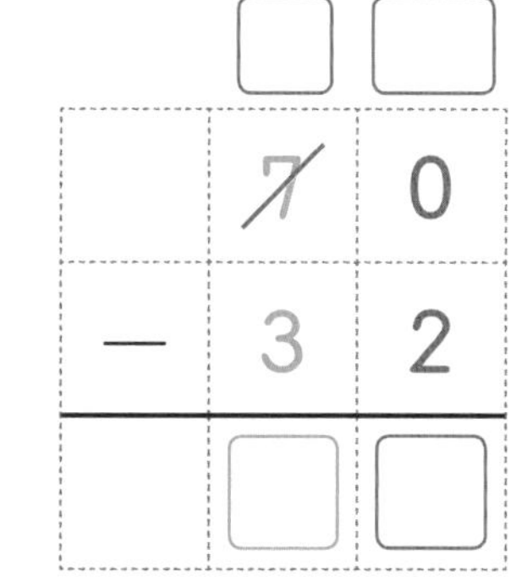

세로셈으로 뺄셈하기

받아내림이 있는 (몇십)−(몇십몇)을 세로셈으로 해 보세요.

	6	10
	~~7~~	0
−	1	4
	5	6

6−1=5　10−4=6

01

	3	10
	~~4~~	0
−	1	9

02

	4	10
	~~5~~	0
−	2	6

03

	7	10
	~~8~~	0
−	3	4

04

	□	□
	7	0
−	1	1

05

	□	□
	6	0
−	4	7

06

	□	□
	7	0
−	6	2

07

	□	□
	8	0
−	5	8

08

	□	□
	6	0
−	3	3

09

	□	□
	9	0
−	5	3

10

	5	0
−	3	7

11

	7	0
−	3	9

12

	6	0
−	3	5

13

	8	0
−	2	6

14

	9	0
−	2	9

15

	3	0
−	2	4

16

	3	0
−	1	2

17

	4	0
−	1	1

18

	6	0
−	2	6

19

	9	0
−	2	8

20

	8	0
−	5	4

21

	7	0
−	2	1

받아내림이 있는 (몇십)−(몇십몇)을 가로셈으로 해 보세요.

$\overset{5\ 10}{\cancel{6}0} - 15 = 45$

01 $\overset{4\ 10}{\cancel{5}0} - 22 =$

02 $70 - 55 =$

03 $60 - 57 =$

04 $30 - 16 =$

05 $70 - 27 =$

06 $90 - 36 =$

07 $80 - 46 =$

08 $40 - 15 =$

09 $70 - 22 =$

10 $90 - 31 =$

11 $80 - 59 =$

12 $90 - 81 =$

13 $60 - 13 =$

14 $50 - 18 =$

15 $60 - 43 =$

16 $50-27=$

17 $80-49=$

18 $60-26=$

19 $70-46=$

20 $90-68=$

21 $50-13=$

22 $90-13=$

23 $30-14=$

24 $60-41=$

25 $80-63=$

26 $60-32=$

27 $40-27=$

28 $70-44=$

29 $70-52=$

30 $90-56=$

31 $40-21=$

32 $60-33=$

33 $90-25=$

34 $80-24=$

35 $40-29=$

36 $50-21=$

연속하여 뺄셈하기

받아내림이 있는 뺄셈을 가로셈과 세로셈으로 연속하여 해 보세요.

	30	
70	25	45 ← 70-25=45
	5 ← 30-25=5	

01

	80	
60	44	

02

	40	
90	37	

03

	50	
80	31	

04

	70	
80	65	

05

	70	
50	36	

06

	40	
90	12	

07

	70	
30	18	

08

	60	
40	24	

09

	60	
90	29	

10

	90	
80	51	

11

	40	
70	23	

12

	50	
90	35	

13

	50	
60	12	

14

	90	
70	56	

받아내림이 있는 (두 자리 수)−(두 자리 수) 2

받아내림이 있는 (몇십몇)과 (몇십몇)의 뺄셈은 십의 자리에서 10을 받아내려 일의 자리 계산을 하고, 십의 자리의 남은 수로 십의 자리 계산을 해요.

1 받아내림이 있는 (몇십몇)−(몇십몇)

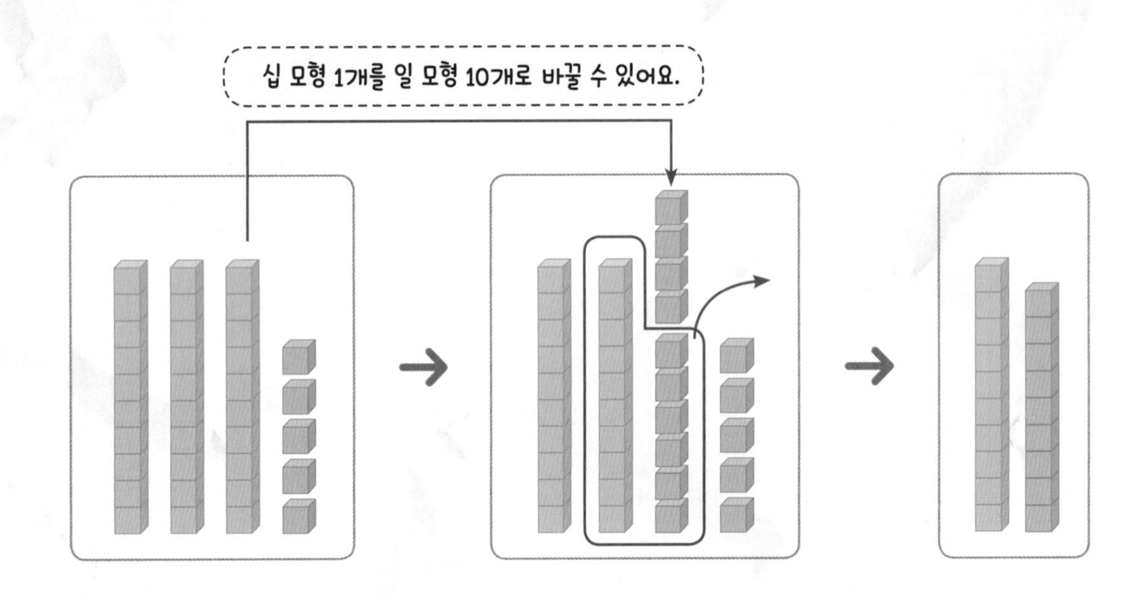

십 모형 1개를 일 모형 10개로 바꿀 수 있어요.

$$35 - 16 = 19$$

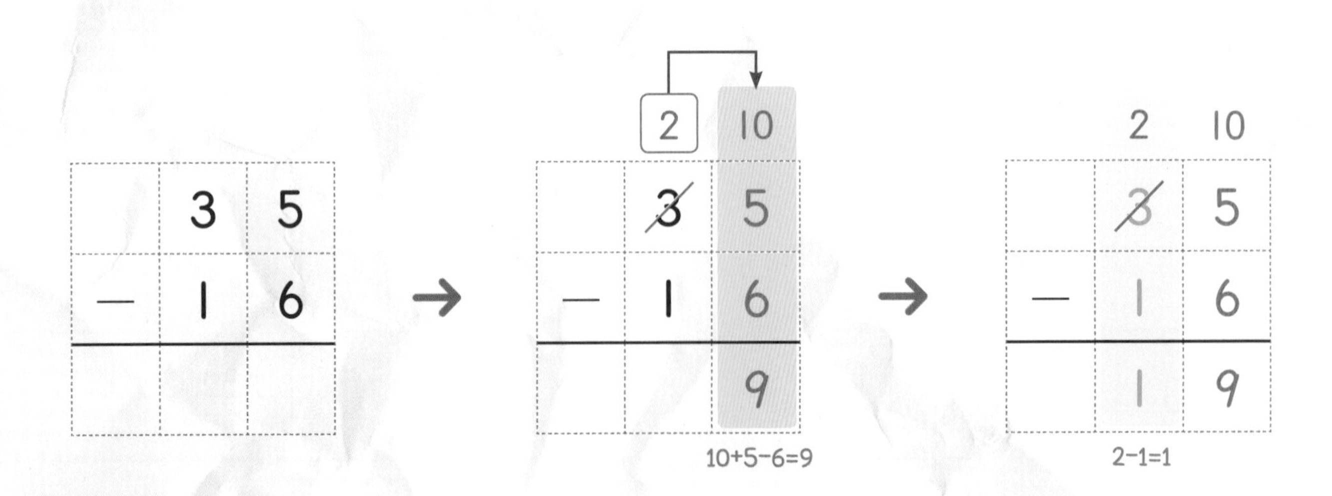

10+5−6=9
2−1=1

원리가 쏙쏙 적용이 척척 풀이가 술술 실력이 쑥쑥

십의 자리에서 받아내려
순서에 맞게 뺄셈을 해 보세요.

	3	10
	4	2
−	1	5
		7

→

	3	10
	4	2
−	1	5
	2	7

54−28 계산하기

01

	5	4
−	2	8

→

	4	10
	5	4
−	2	8
		□

→

	4	10
	5	4
−	2	8
	□	□

61−13 계산하기

02

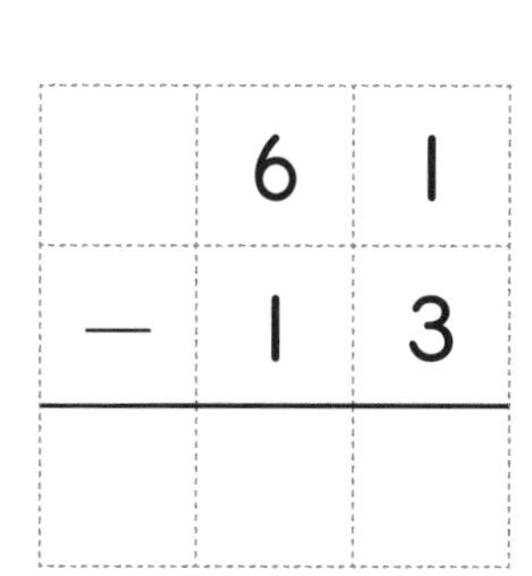

	6	1
−	1	3

→

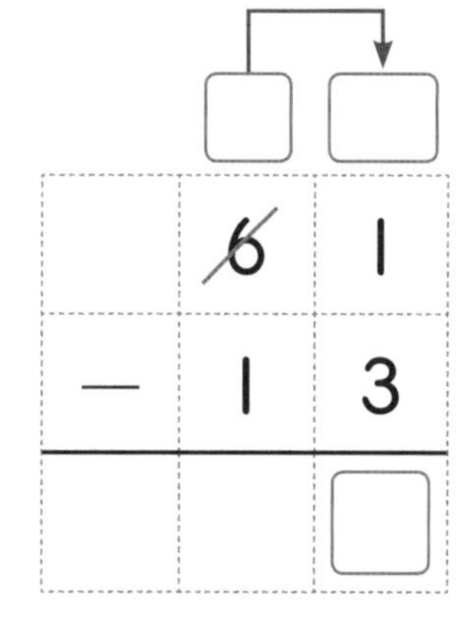

	□	□
	6	1
−	1	3
		□

→

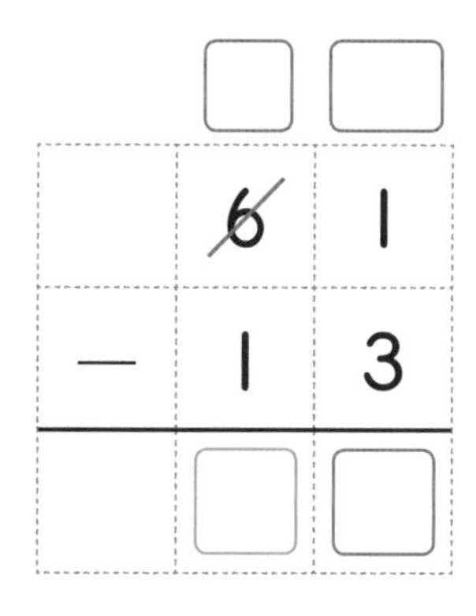

	□	□
	6	1
−	1	3
	□	□

세로셈으로 뺄셈하기

받아내림이 있는 (몇십몇)−(몇십몇)을 세로셈으로 해 보세요.

	4	10
	~~5~~	6
−	3	9
	1	7

4−3=1　10+6−9=7

01

	1	10
	~~2~~	4
−	1	9

02

	2	10
	~~3~~	1
−	1	4

03

	6	10
	~~7~~	3
−	2	7

04

	□	□
	9	4
−	8	7

05

	□	□
	7	2
−	2	4

06

	□	□
	6	2
−	4	9

07

	□	□
	5	1
−	2	2

08

	□	□
	8	5
−	1	9

09

	□	□
	9	2
−	5	8

10

	9	4
−	7	9

11

	6	2
−	1	8

12

	4	1
−	2	9

13

	5	1
−	3	7

14

	5	4
−	2	7

15

	8	1
−	2	3

16

	9	4
−	5	5

17

	7	2
−	4	4

18

	6	3
−	2	6

19

	8	3
−	1	5

20

	9	4
−	2	9

21

	7	2
−	3	6

받아내림이 있는 (몇십몇)−(몇십몇)을 가로셈으로 해 보세요.

$\overset{4\ 10}{\cancel{5}4} - 37 = 17$

01 $\overset{6\ 10}{\cancel{7}8} - 49 =$

02 $96 - 48 =$

03 $42 - 35 =$

04 $62 - 23 =$

05 $42 - 28 =$

06 $71 - 19 =$

07 $63 - 37 =$

08 $54 - 26 =$

09 $65 - 47 =$

10 $71 - 54 =$

11 $61 - 46 =$

12 $84 - 59 =$

13 $63 - 19 =$

14 $92 - 24 =$

15 $53 - 34 =$

16 $72-29=$

17 $67-59=$

18 $98-69=$

19 $84-57=$

20 $55-19=$

21 $71-47=$

22 $94-15=$

23 $81-19=$

24 $92-37=$

25 $42-24=$

26 $51-13=$

27 $75-38=$

28 $95-39=$

29 $83-38=$

30 $98-19=$

31 $83-29=$

32 $52-29=$

33 $84-26=$

34 $63-14=$

35 $75-18=$

36 $90-27=$

연속하여 뺄셈하기

받아내림이 있는 뺄셈을 가로셈과 세로셈으로 연속하여 해 보세요.

74	35	39
	18	
	17	

74-35=39

35-18=17

01

74	46	
	19	

02

75	26	
	19	

03

62	54	
	15	

04

92	66	
	57	

05

81	53	
	38	

06

81	67	
	38	

07

85	19	
59		

08

51	27	
33		

09

65	29	
16		

10

74	55	
68		

11

84	79	
36		

12

45	28	
16		

13

72	14	
47		

14

93	49	
28		

여러 가지 방법의 뺄셈

가르기를 이용하여 받아내림이 있는 두 자리 수의 뺄셈을
여러 가지 방법으로 할 수 있어요.

1 빼는 수를 가르기 하여 빼기 1

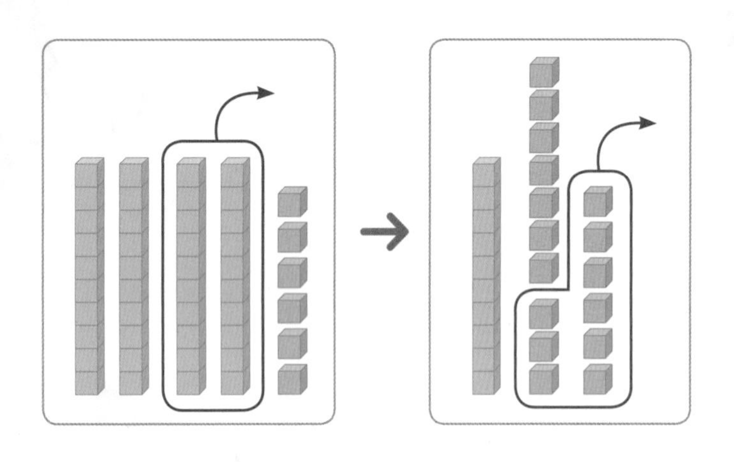

$46 - 29 = 17$

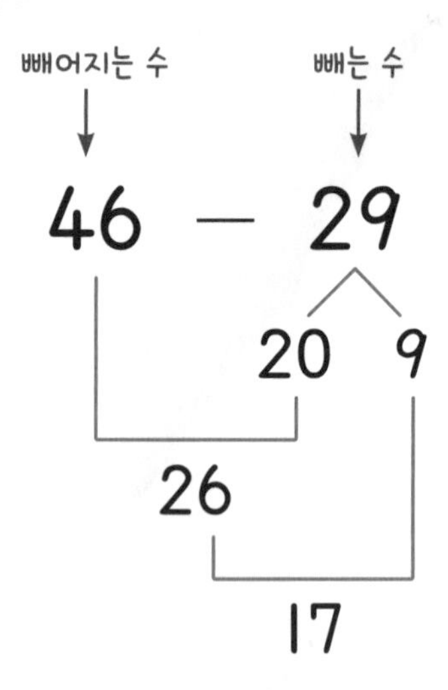

빼는 수를 몇십과 몇으로 가르기 하여
빼어지는 수에서 몇십을 먼저 빼고 남은 몇을 빼요.

2 빼는 수를 가르기 하여 빼기 2

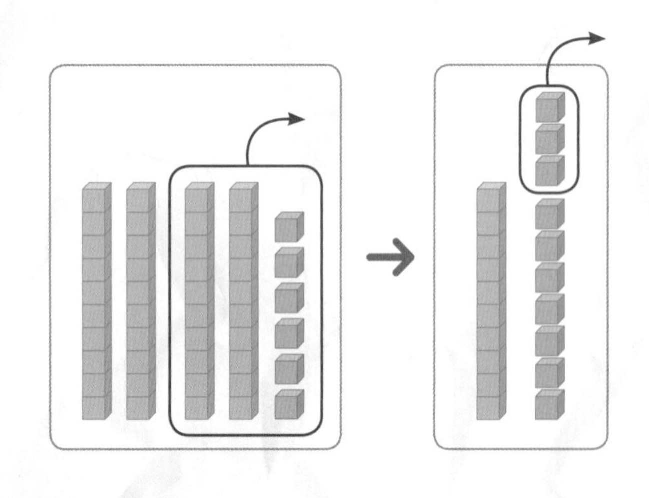

$46 - 29 = 17$

46 − 29
26 3
20
17

빼는 수를 빼어지는 수의 일의 자리 수와 같게
몇십몇과 몇으로 가르기 하여 뺄셈을 해요.

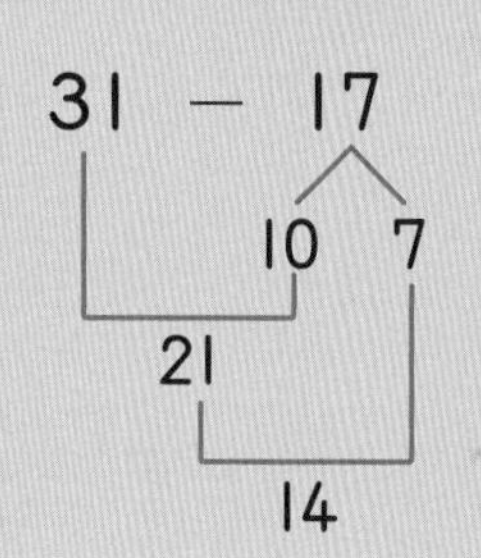
수를 가르기 하여
빼기를 해요.

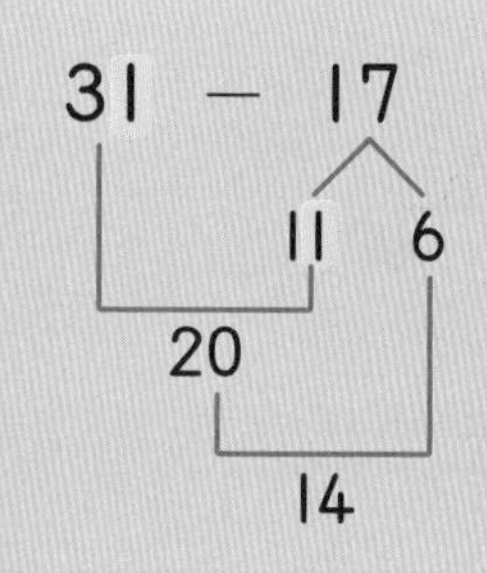

01 45−19 계산하기

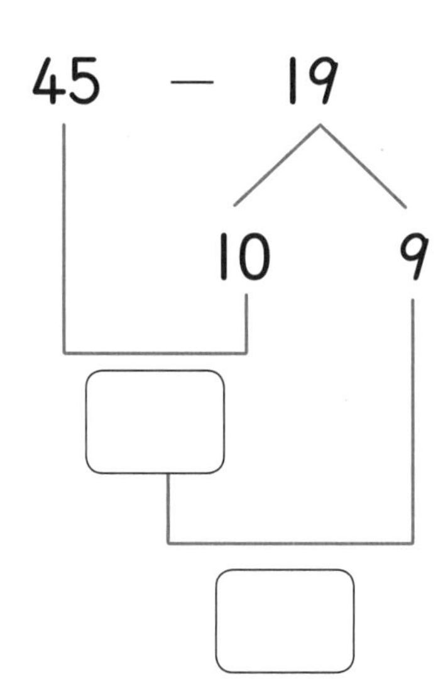

02 57−38 계산하기

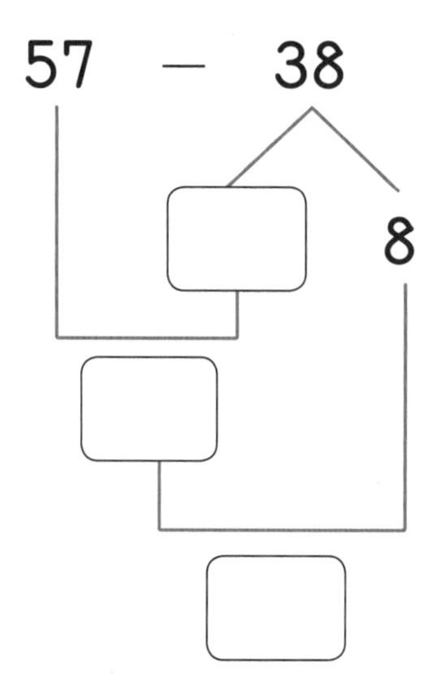

03 36−19 계산하기

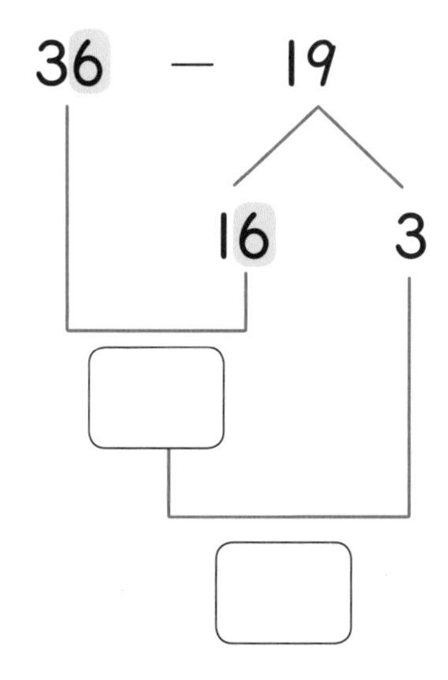

04 63−35 계산하기

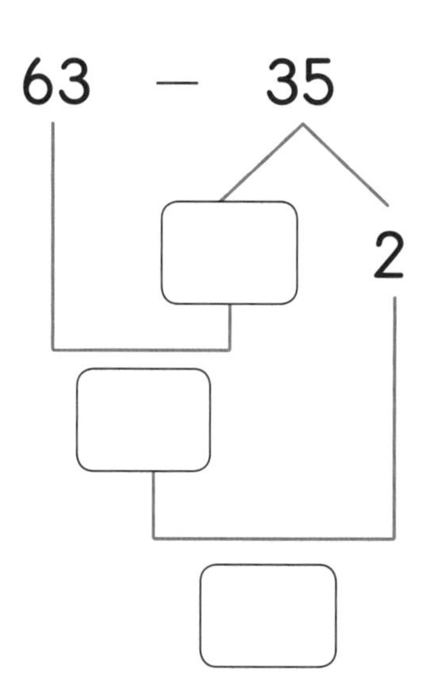

가르기를 이용하여 받아내림이 있는 뺄셈을 해 보세요.

01 84 − 28

64

02 62 − 15

52

03 44 − 39

04 51 − 39

05 93 − 24

06 73 − 15

07 53 − 16

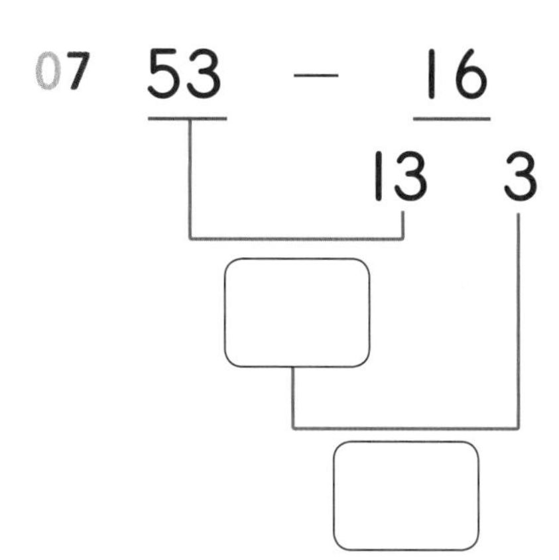

08 42 − 17

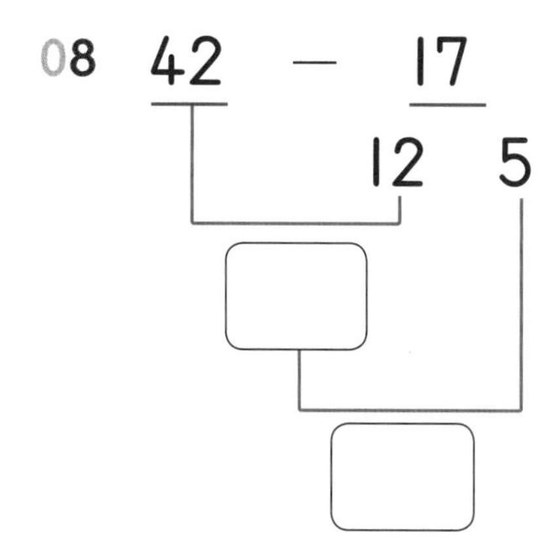

09 61 − 57

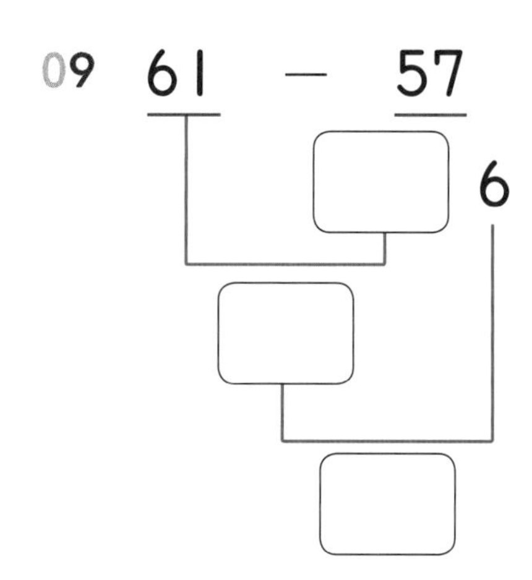

10 97 − 18

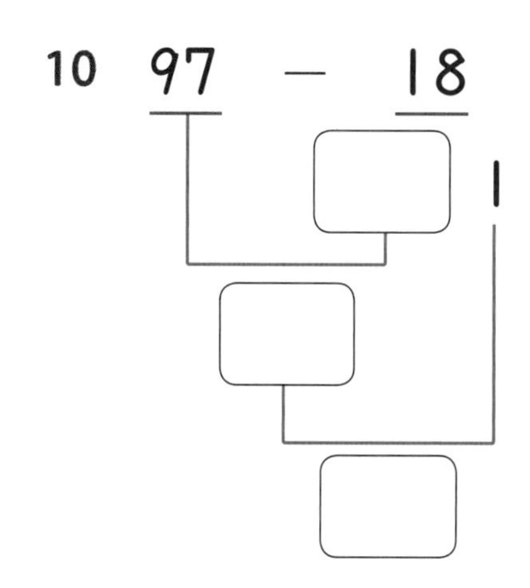

11 52 − 14

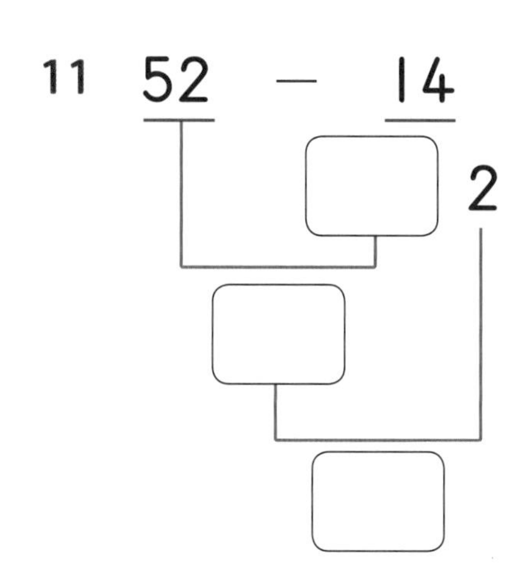

12 74 − 28

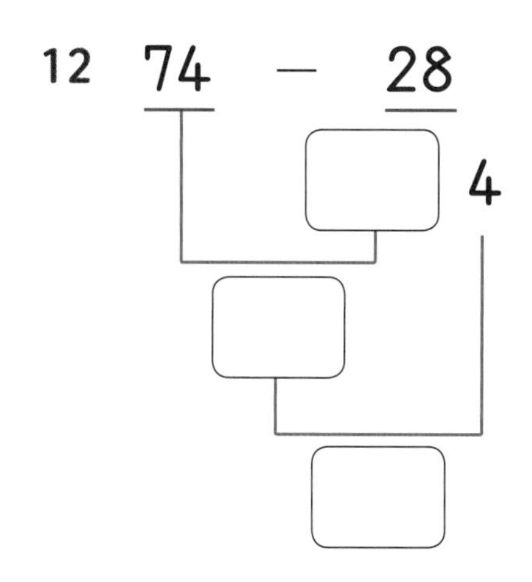

13 85 − 49

4

14 93 − 25

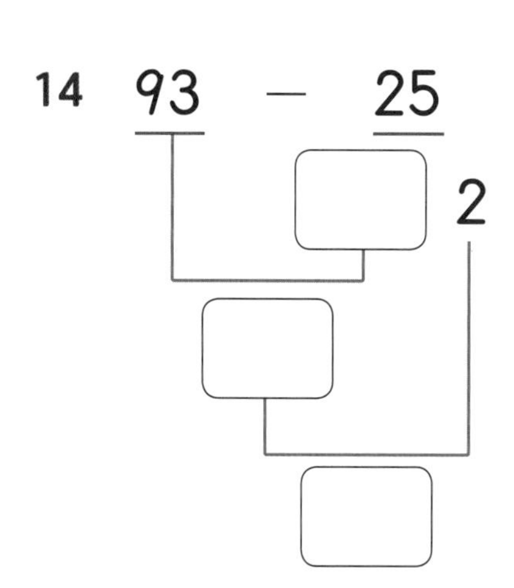

가로셈으로 가르기를 이용한 뺄셈을 해 보세요.

01 $73 - 17$ (17 → 10, 7)

$= 73 - 10 - \square$

$= 63 - \square$

$= \square$

02 $97 - 29$

$= 97 - 20 - \square$

$= 77 - \square$

$= \square$

03 $51 - 35$

$= 51 - 30 - \square$

$= \square - \square$

$= \square$

04 $32 - 13$

$= 32 - 10 - \square$

$= \square - \square$

$= \square$

05 $92 - 56$

$= 92 - 50 - \square$

$= \square - \square$

$= \square$

06 $83 - 24$

$= 83 - 20 - \square$

$= \square - \square$

$= \square$

07 $53 - 26$

(26 → 23, 3)

$= 53 - 23 - \square$

$= 30 - \square$

$= \square$

08 $81 - 37$

$= 81 - 31 - \square$

$= 50 - \square$

$= \square$

09 $47 - 18$

$= 47 - 17 - \square$

$= \square - \square$

$= \square$

10 $95 - 37$

$= 95 - 35 - \square$

$= \square - \square$

$= \square$

11 $72 - 33$

$= 72 - 32 - \square$

$= \square - \square$

$= \square$

12 $65 - 19$

$= 65 - 15 - \square$

$= \square - \square$

$= \square$

13 $51 - 18$

$= 51 - 11 - \square$

$= \square - \square$

$= \square$

14 $92 - 16$

$= 92 - 12 - \square$

$= \square - \square$

$= \square$

주어진 블록에 맞게 가르기를 하여
뺄셈을 해 보세요.

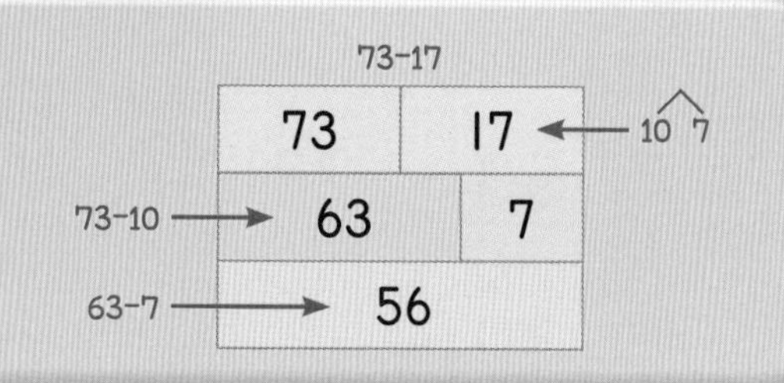

01

92	79 (70 9)
22 (92-70)	

02

45	29
25	

03

65	37

04

52	26

05

82	43

06

73	26

주어진 블록에 맞게 가르기를 하여 뺄셈을 해 보세요.

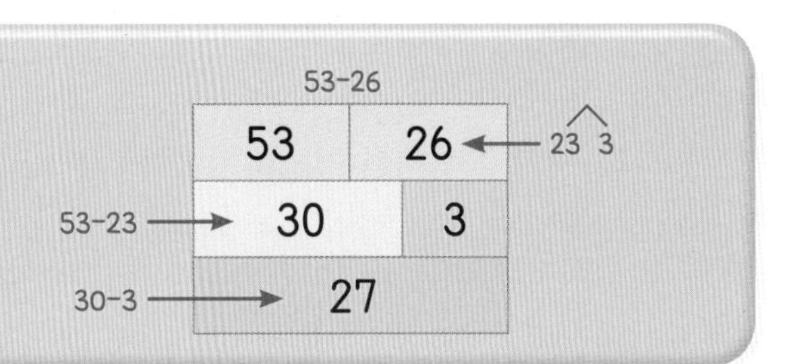

01

64	57 ← 54 3
64-54 → 10	□
□	

02

75	49
30	□
□	

03

71	34
□	□
□	

04

86	58
□	□
□	

05

92	26
□	□
□	

06

83	39
□	□
□	

5~8 연산의 활용

2에서 배운 연산으로 해결해 봐요!

▶ 빨셈을 이용하여 가장 큰 수와 가장 작은 수를 만들어요

주어진 수 카드를 사용하여 만들 수 있는 빨셈식의 결과가 가장 클 때와 가장 작을 때를 각각 구해 보세요.

01 81 34 56 74

가장 큰 수  □ − □ = □

가장 작은 수 □ − □ = □

02 53 90 19 27

가장 큰 수 □ − □ = □

가장 작은 수 □ − □ = □

03 44 18 30 62

가장 큰 수  □ − □ = □

가장 작은 수  □ − □ = □

▶ 규칙에 맞게 계산해 봐요
오른쪽 규칙에 따라 뺄셈을 해 보세요.

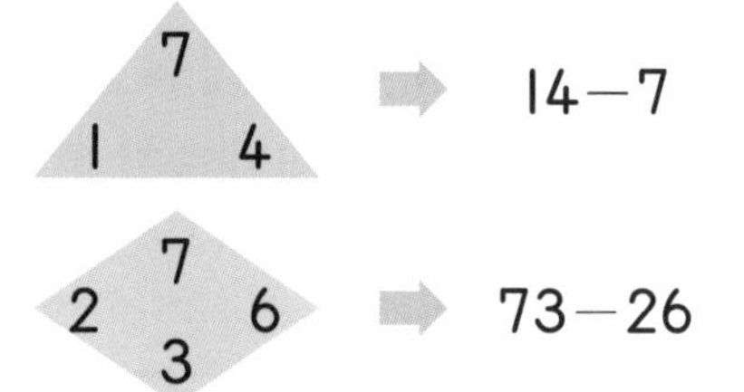

01
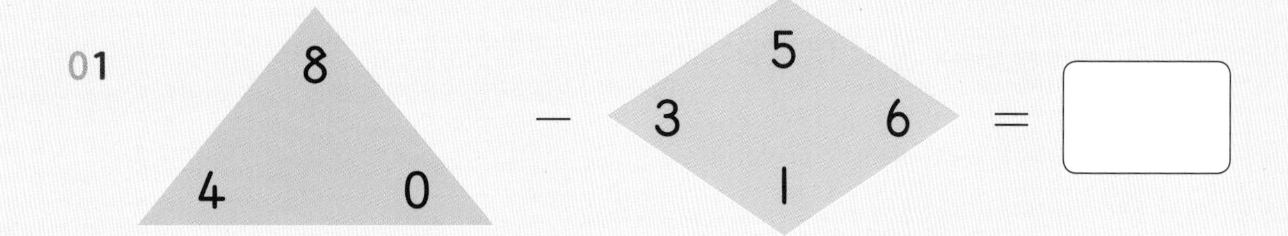

02 (삼각형: 7, 5, 3) − (마름모: 3, 1, 9, 7) = ☐

03 (마름모: 8, 1, 9, 2) − (삼각형: 5, 3, 4) = ☐

04 (마름모: 9, 1, 7, 0) − (삼각형: 9, 6, 3) = ☐

▶ 문장의 뜻을 이해하며 식을 세워 봐요

이야기 속에 주어진 조건을 생각하며 뺄셈식을 세우고
답을 구해 보세요.

01 준희의 어머니의 나이는 45살이고, 언니의 나이는 17살입니다. 어머니의 나이는 언니의 나이보다 몇 살 더 많습니까?

식　　　　　　　　　　답　　　살

02 어제는 줄넘기를 78개 하고, 오늘은 93개 했습니다. 오늘은 어제보다 줄넘기를 몇 개 더 했습니까?

식　　　　　　　　　　답　　　개

03 한 봉지에 80개가 들어 있는 사탕 봉지에서 36개를 꺼내어 주머니에 담았습니다. 사탕 봉지에 남은 사탕은 몇 개입니까?

식　　　　　　　　　　답　　　개

04 지난 달에는 저금통에 동전을 65개 넣었고, 이번 달에는 72개를 넣었습니다. 이번 달에는 지난 달보다 동전을 몇 개 더 넣었습니까?

식　　　　　　　　　　답　　　개

2에서 무엇을 배웠을까요?

잠시 쉬어 가요

받아내림이 있는 (두 자리 수)−(한 자리 수)

십의 자리의 수에서 10을 받아내려요.

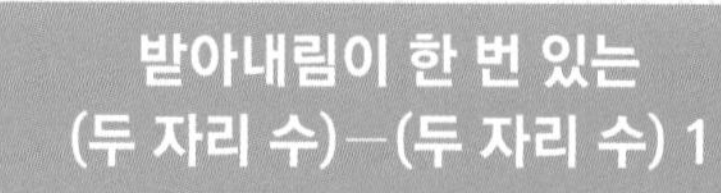

받아내림이 한 번 있는 (두 자리 수)−(두 자리 수) 1

몇십의 십의 자리에서 10을 받아내리고, 같은 자리의 수끼리 뺄셈을 해요.

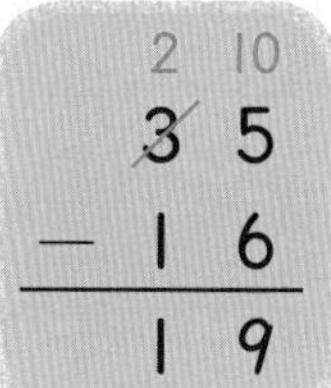

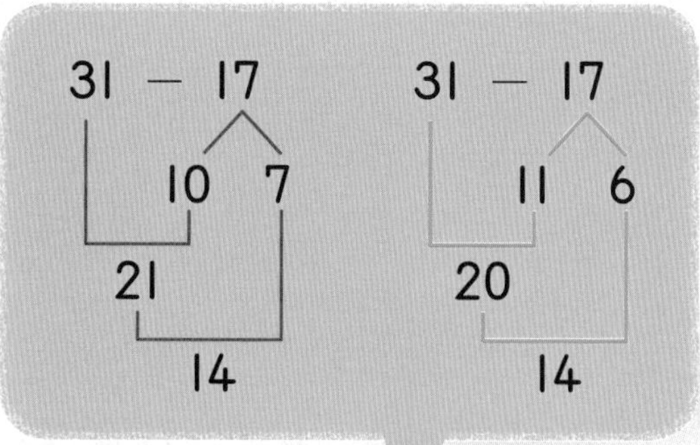

받아내림이 있는 (두 자리 수)−(두 자리 수) 2

몇십몇의 십의 자리에서 10을 받아내리고, 같은 자리의 수끼리 뺄셈을 해요.

여러 가지 방법의 뺄셈

1. 빼는 수를 몇십과 몇으로 가르기
2. 빼는 수를 빼어지는 수의 일의 자리 수와 같게 몇십몇과 몇으로 가르기

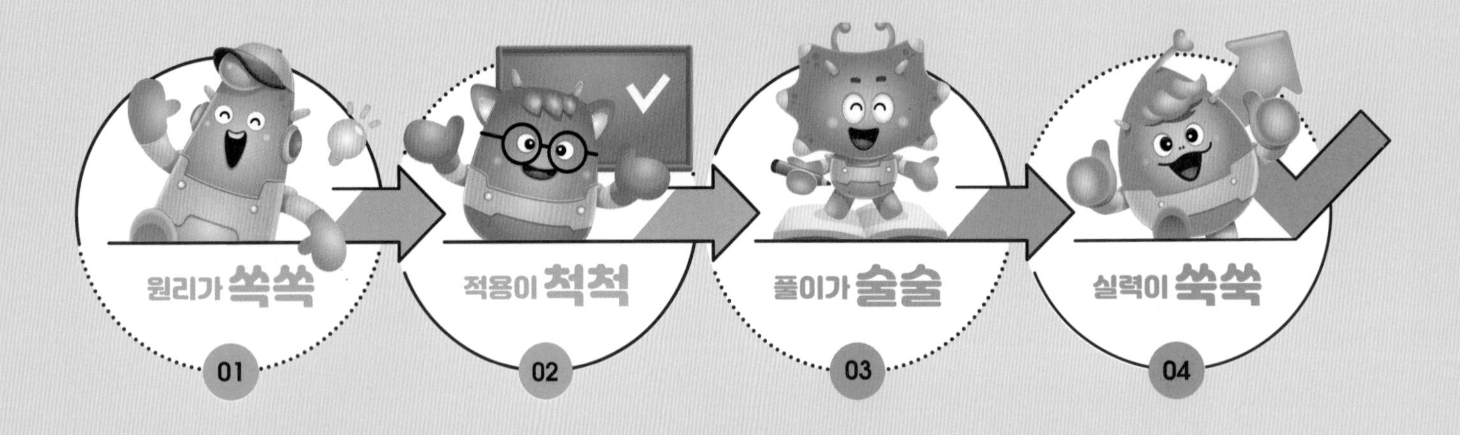
원리가 쑥쑥
01
적용이 척척
02
풀이가 술술
03
실력이 쑥쑥
04

3

덧셈과 뺄셈의 관계

덧셈을 뺄셈으로, 뺄셈을 덧셈으로

덧셈식 1개는 2개의 뺄셈식으로, 뺄셈식 1개는 2개의 덧셈식으로 나타낼 수 있어요.

1 덧셈식을 뺄셈식으로 나타내기

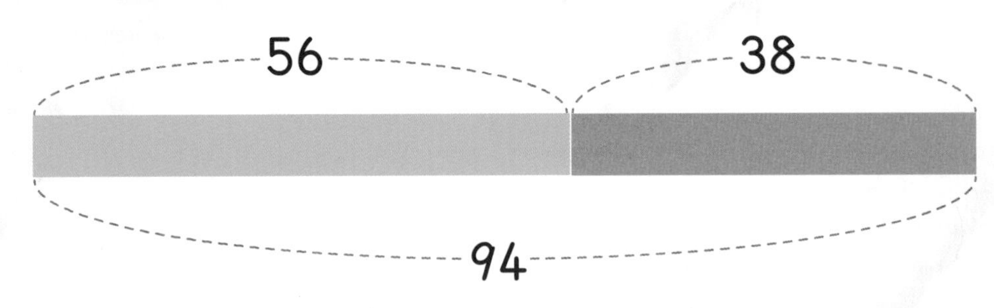

$56 + 38 = 94$ ➡ $94 - 56 = 38$, $94 - 38 = 56$

덧셈식을 뺄셈식으로 나타낼 때에는 덧셈식의 결과, 즉 가장 큰 수가 뺄셈식에서 빼어지는 수(앞의 수)가 돼요.

2 뺄셈식을 덧셈식으로 나타내기

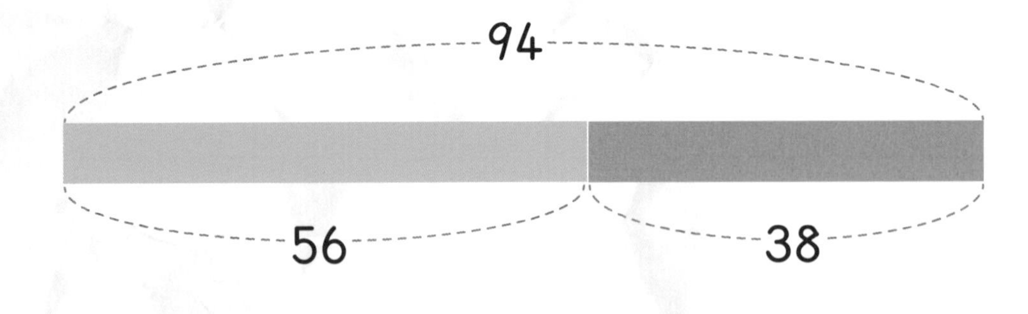

$94 - 56 = 38$ ➡ $56 + 38 = 94$, $38 + 56 = 94$

뺄셈식을 덧셈식으로 나타낼 때에는 뺄셈식의 빼어지는 수가 덧셈식의 결과가 돼요.

덧셈식은 뺄셈식으로,
뺄셈식은 덧셈식으로
나타내어 보세요.

▲+♥=★ ➡ ★−▲=♥, ★−♥=▲

●−◆=♣ ➡ ◆+♣=●, ♣+◆=●

덧셈식을 뺄셈식으로 만들기

01

$45+18=63$ ➡ $\square-18=45$, $\square-45=18$

02

$57+24=81$ ➡ $81-\square=24$, $81-\square=57$

뺄셈식을 덧셈식으로 만들기

03

$93-34=59$ ➡ $34+59=\square$, $\square+34=\square$

04

$63-45=18$ ➡ $45+\square=\square$, $18+\square=\square$

그림을 보고 덧셈식과 뺄셈식을 2개씩 만들어 보세요.

29 68 / 97

$29+68=97$
$68+29=97$

$97-29=68$
$97-68=29$

01

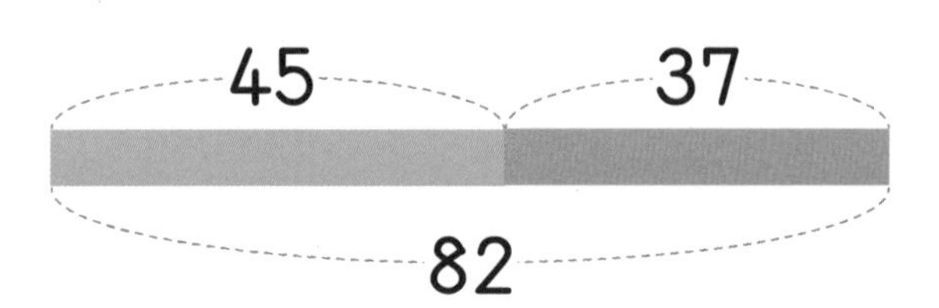

$45 + \square = 82$
$\square + \square = 82$

$82 - \square = 37$
$82 - \square = \square$

02

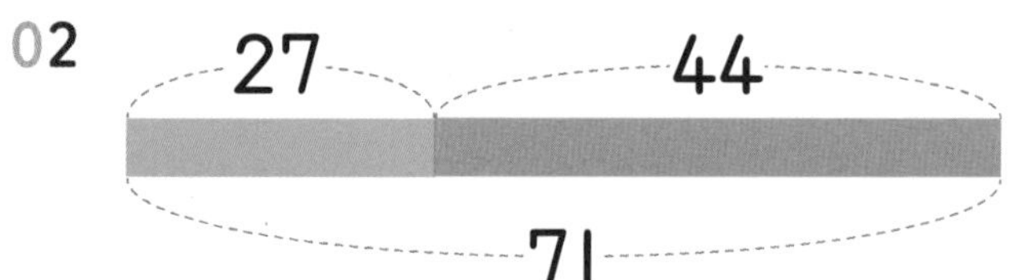

$27 + \square = 71$
$\square + \square = 71$

$71 - \square = 44$
$71 - \square = \square$

03

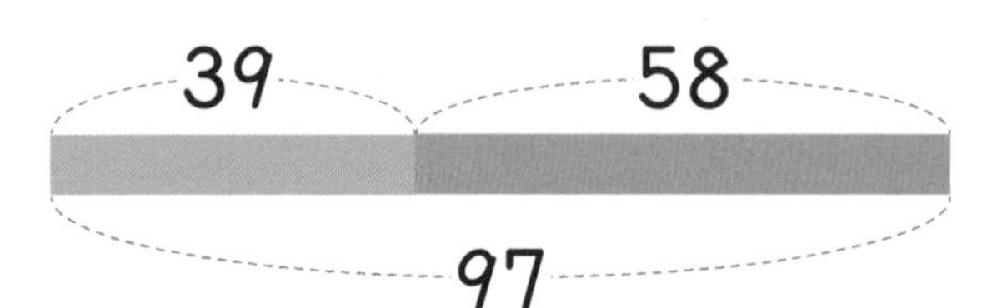

$39 + \square = 97$
$\square + \square = \square$

$97 - \square = 58$
$\square - \square = \square$

04

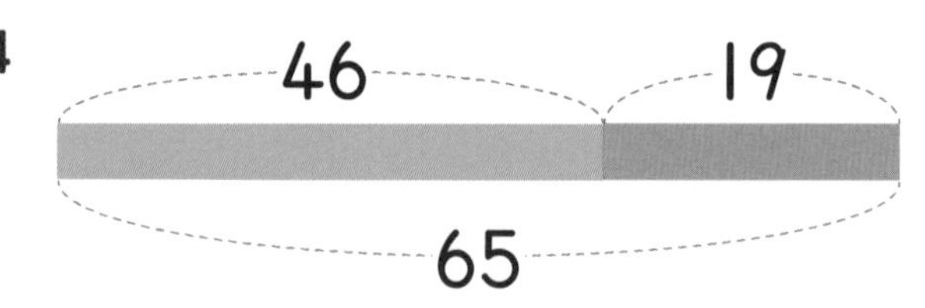

$46 + \square = 65$
$\square + \square = \square$

$65 - \square = 19$
$\square - \square = \square$

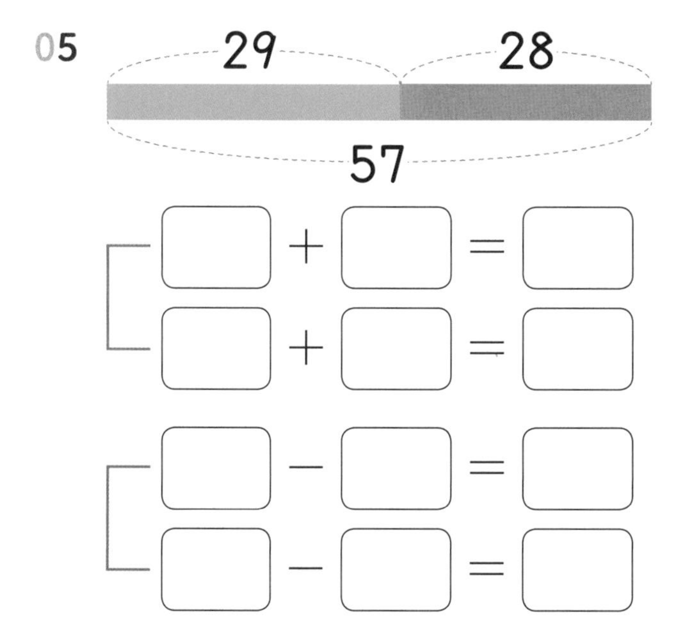
05
29
28
57

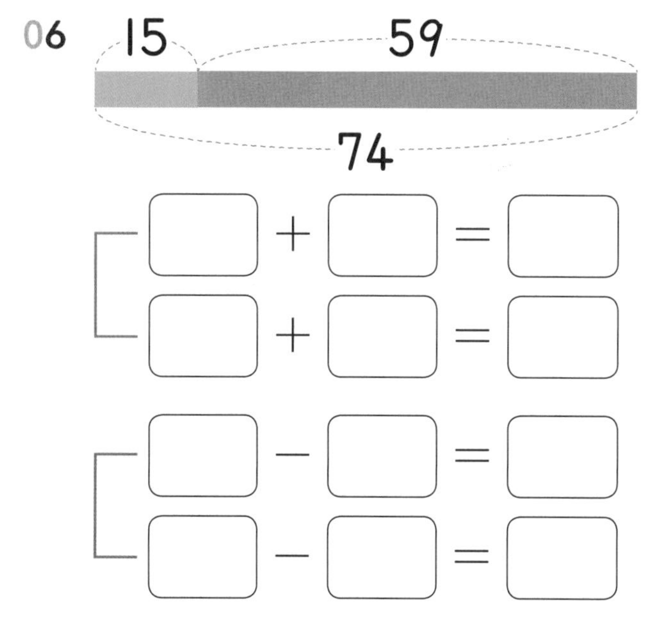
06
15
59
74

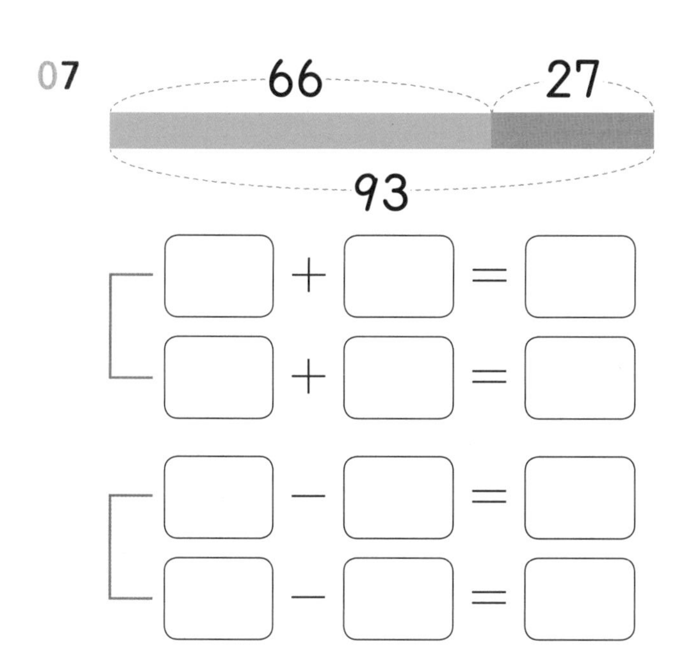
07
66
27
93

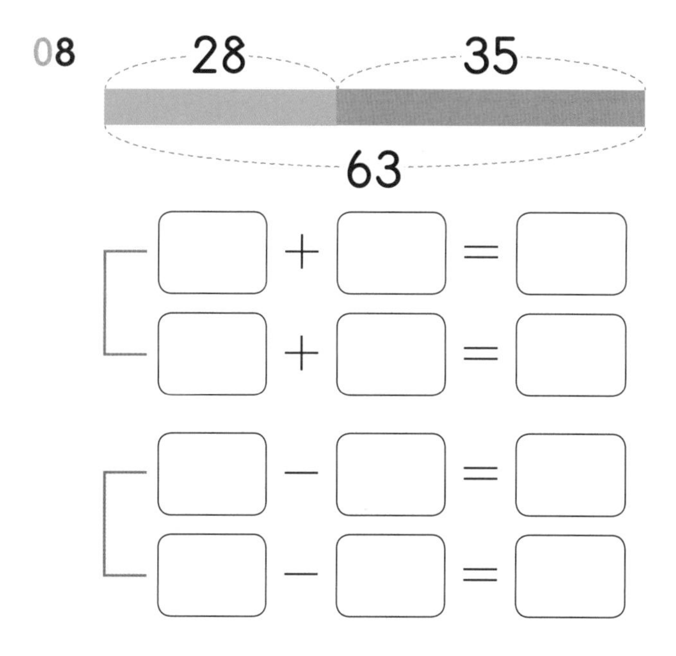
08
28
35
63

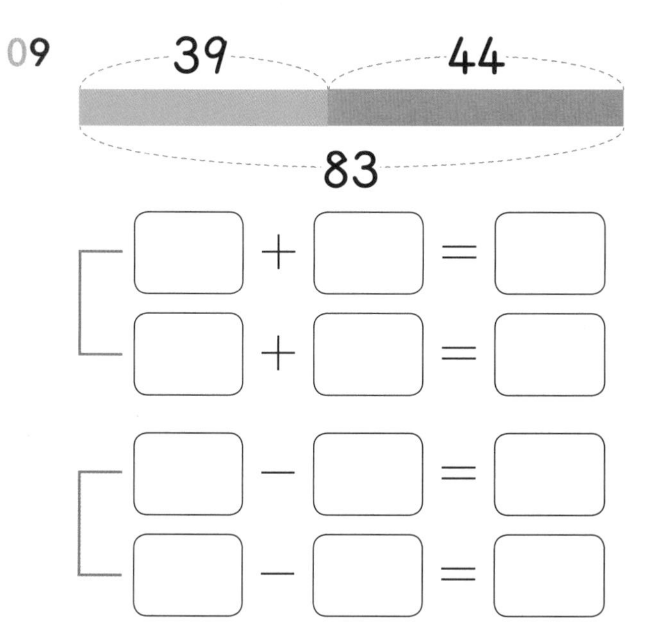
09
39
44
83

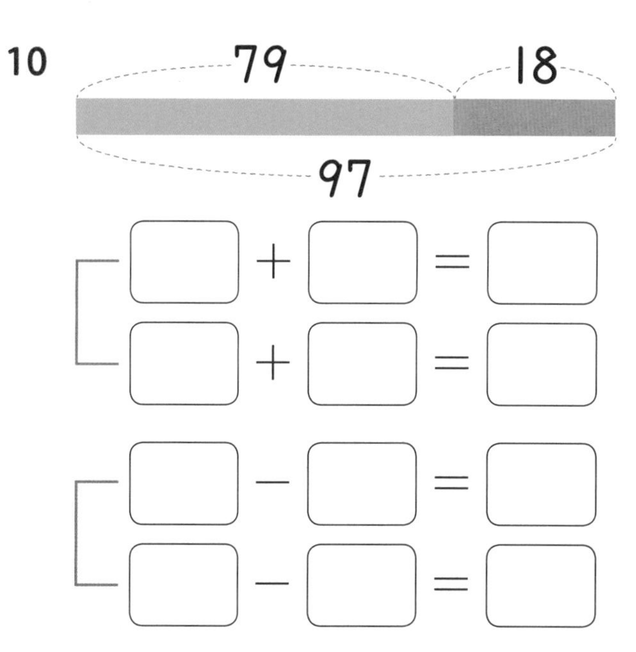
10
79
18
97

덧셈식을 뺄셈식 2개로 나타내 보세요.

$57+28=85$ ➡ $85-57=28$, $85-28=57$

01 $47+15=62$

62 − ☐ = ☐

☐ − 15 = ☐

02 $39+55=94$

94 − ☐ = ☐

☐ − 55 = ☐

03 $17+73=90$

☐ − ☐ = ☐

☐ − ☐ = ☐

04 $46+28=74$

☐ − ☐ = ☐

☐ − ☐ = ☐

05 $39+36=75$

☐ − ☐ = ☐

☐ − ☐ = ☐

06 $19+34=53$

☐ − ☐ = ☐

☐ − ☐ = ☐

뺄셈식을 덧셈식 2개로 나타내 보세요.

$85-57=28$ ➡ $28+57=85$, $57+28=85$

01 $73-56=17$

$\square+56=\square$

$\square+17=\square$

02 $61-43=18$

$\square+43=\square$

$\square+18=\square$

03 $44-28=16$

$\square+\square=\square$

$\square+\square=\square$

04 $83-58=25$

$\square+\square=\square$

$\square+\square=\square$

05 $93-25=68$

$\square+\square=\square$

$\square+\square=\square$

06 $71-39=32$

$\square+\square=\square$

$\square+\square=\square$

주어진 수 카드를 이용하여 덧셈식 또는 뺄셈식을 만들어 보세요.

49 81 32 — 81−32=49, 32+49=81

01 17 32 15

□ − 17 = □

15 + □ = □

02 55 73 18

□ − 18 = □

55 + □ = □

03 43 28 71

□ − 28 = □

28 + □ = □

04 98 35 63

□ − 63 = □

35 + □ = □

05 17 86 69

□ − 17 = □

17 + □ = □

06 92 36 56

□ − 36 = □

36 + □ = □

07

26 41 15

□ − □ = 26

15 + □ = □

08

93 14 79

□ − □ = 14

79 + □ = □

09

25 38 63

□ − □ = 38

25 + □ = □

10

37 70 33

□ − □ = 33

33 + □ = □

11

66 25 91

□ − □ = 66

66 + □ = □

12

23 48 71

□ − □ = 23

48 + □ = □

13

26 59 85

□ − □ = 59

26 + □ = □

14

67 18 49

□ − □ = 49

49 + □ = □

10 □의 값은?

덧셈과 뺄셈의 관계를 이용하여 덧셈식은 뺄셈식으로,
뺄셈식은 덧셈식으로 나타내어 □의 값을 구할 수 있어요.

1 덧셈식에서 □의 값 구하기

$15 + \square = 23$

$23 - 15 = \square$ ➡ $\square = 8$

구하려고 하는 것은 □의 값이므로 계산 결과가
□가 되도록 덧셈식을 뺄셈식으로 만들어요.

2 뺄셈식에서 □의 값 구하기

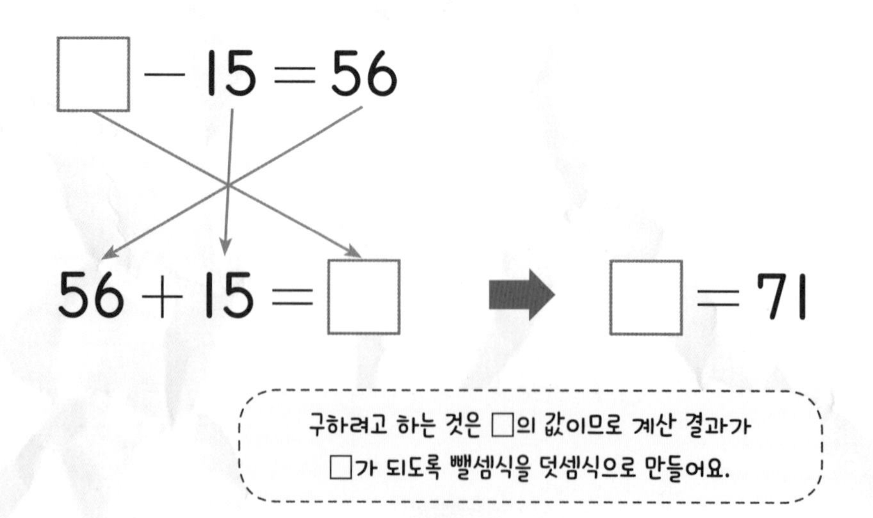

□ − 15 = 56
56 + 15 = □
□ = 71
구하려고 하는 것은 □의 값이므로 계산 결과가
□가 되도록 뺄셈식을 덧셈식으로 만들어요.

덧셈과 뺄셈의 관계를 이용하여 □의 값을 구해 보세요.

덧셈식에서 □의 값 구하기

01

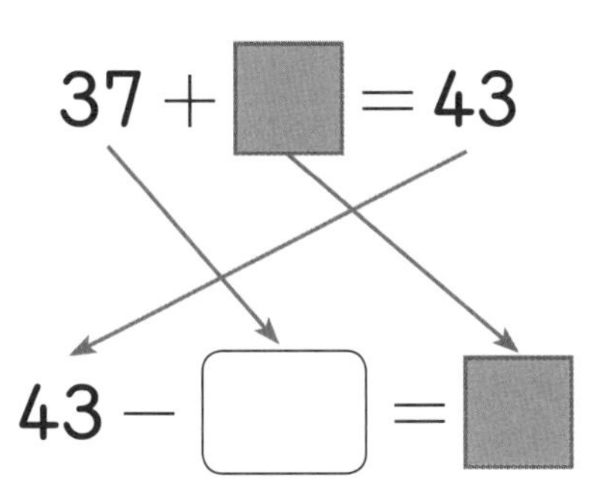

$$37 + \blacksquare = 43$$

$$43 - \boxed{} = \blacksquare$$

02

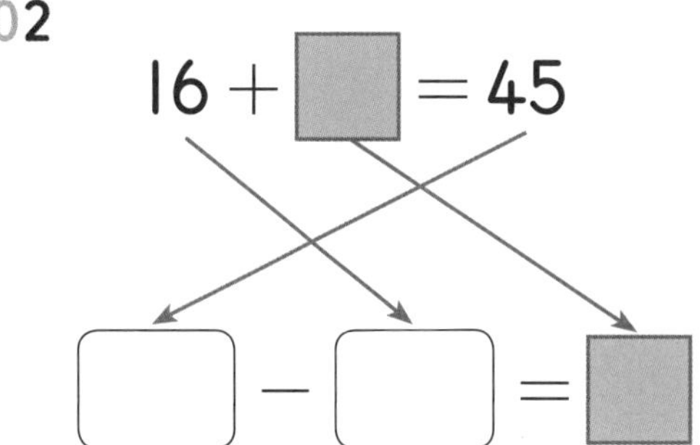

$$16 + \blacksquare = 45$$

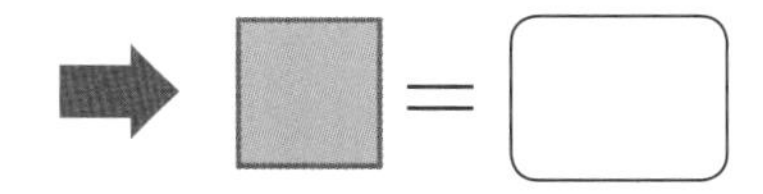

뺄셈식에서 □의 값 구하기

03

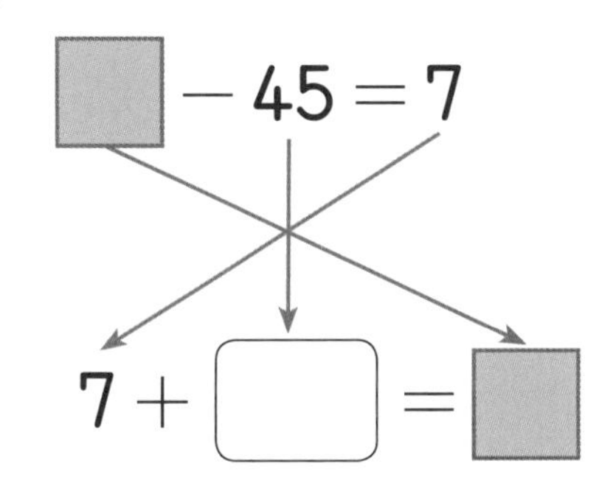

$$\blacksquare - 45 = 7$$

$$7 + \boxed{} = \blacksquare$$

04

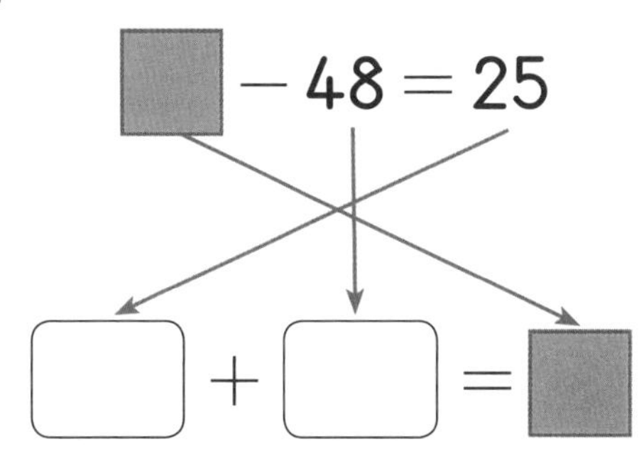

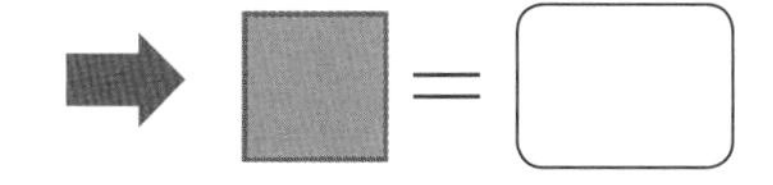

덧셈식에서 □의 값을 구해 보세요.

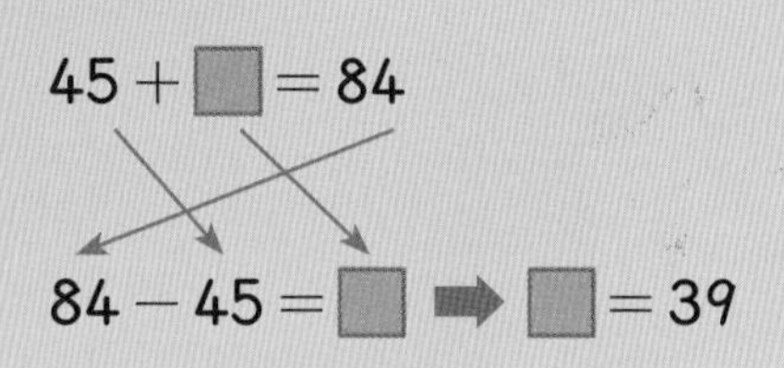

01

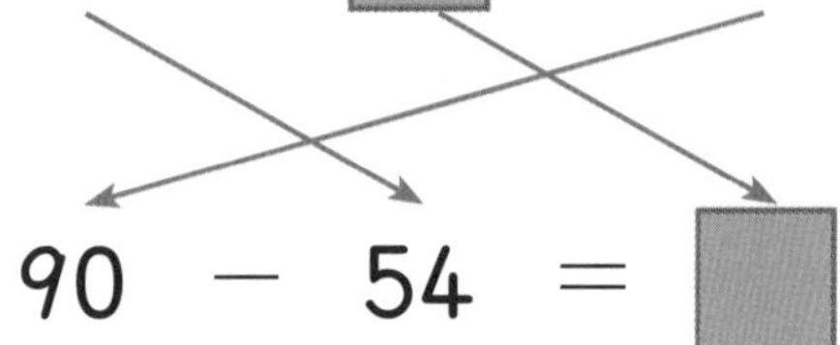

02

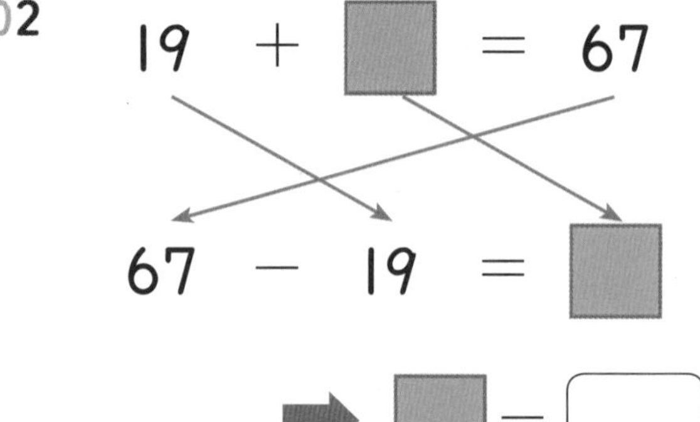

02

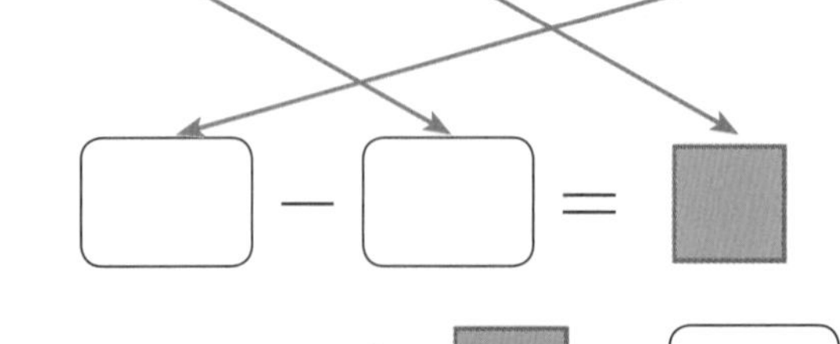

04

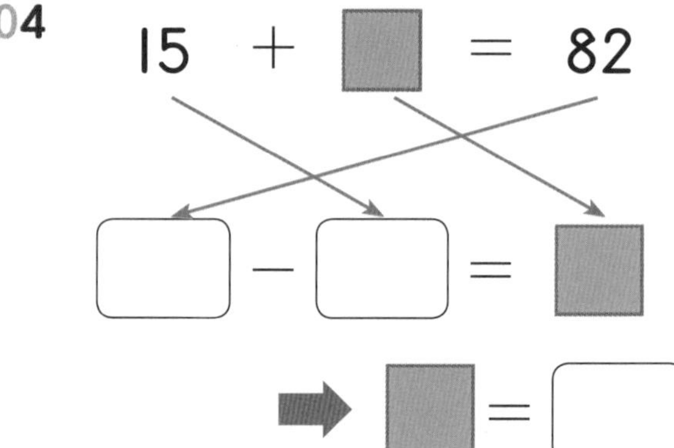

05

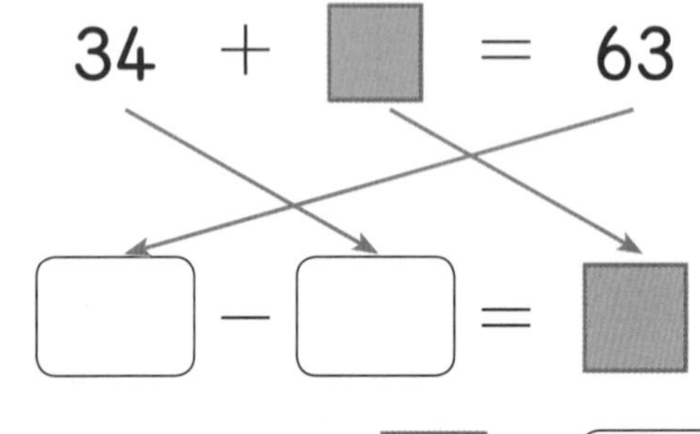

06

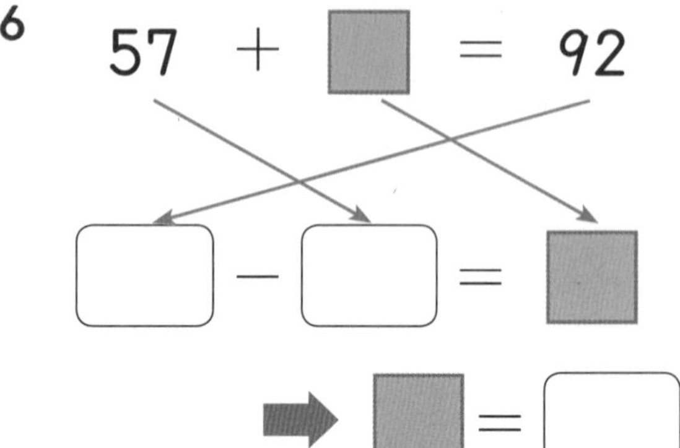

빼셈식에서 □의 값을 구해 보세요.

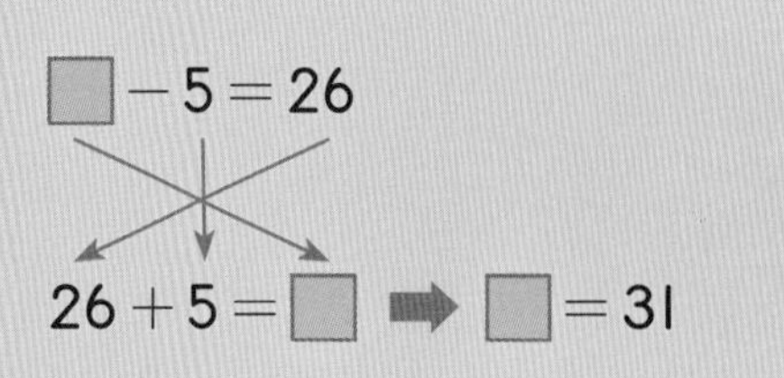

01 □ − 4 = 19

19 + 4 = □

➡ □ = □

02

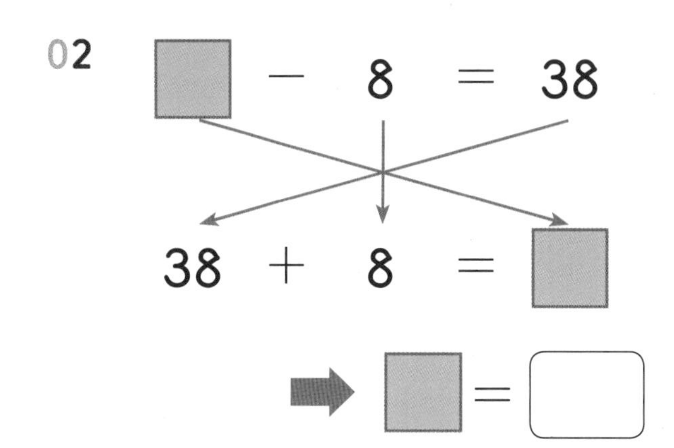

03 □ − 28 = 42

□ + □ = □

➡ □ = □

04

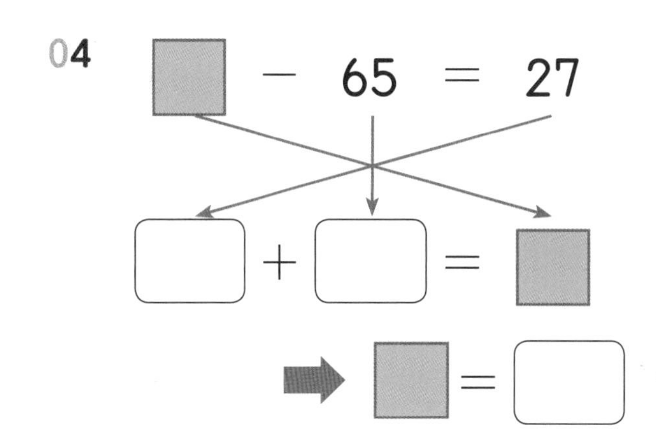

05 □ − 74 = 17

□ + □ = □

➡ □ = □

06

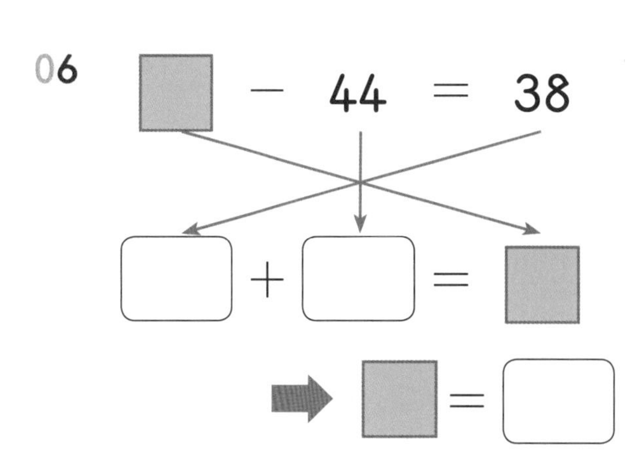

원리가 쏙쏙 적용이 척척 풀이가 술술 실력이 쑥쑥

덧셈과 뺄셈의 관계를 이용하여
덧셈식에서 □의 값을 구해 보세요.

$9 + \boxed{5} = 14$ ← 14-9

01 $8 + \square = 24$ ← 24-8

02 $16 + \square = 70$ ← 70-16

03 $54 + \square = 83$ ← 83-54

04 $4 + \square = 61$

05 $28 + \square = 45$

06 $7 + \square = 82$

07 $75 + \square = 93$

08 $49 + \square = 96$

09 $17 + \square = 94$

10 $56 + \square = 65$

11 $27 + \square = 73$

12 $18 + \square = 72$

13 $14 + \square = 50$

14 $59 + \square = 82$

15 $56 + \square = 74$

16 $69 + \square = 82$

17 $25 + \square = 93$

18 $19 + \square = 61$

덧셈과 뺄셈의 관계를 이용하여
뺄셈식에서 □의 값을 구해 보세요.

$\boxed{12} - 5 = 7$ (5+7)

$21 - \boxed{9} = 12$ (21−12)

01 $\square - 3 = 9$ (3+9)

02 $31 - \square = 23$ (31−23)

03 $\square - 15 = 65$

04 $45 - \square = 26$

05 $91 - \square = 63$

06 $\square - 77 = 18$

07 $92 - \square = 55$

08 $\square - 16 = 38$

09 $74 - \square = 59$

10 $\square - 39 = 23$

11 $80 - \square = 47$

12 $\square - 5 = 49$

13 $65 - \square = 37$

14 $\square - 38 = 45$

15 $74 - \square = 39$

16 $\square - 47 = 35$

17 $94 - \square = 75$

18 $\square - 38 = 25$

덧셈과 뺄셈의 관계를 이용하여
덧셈식의 빈칸을 채워 보세요.

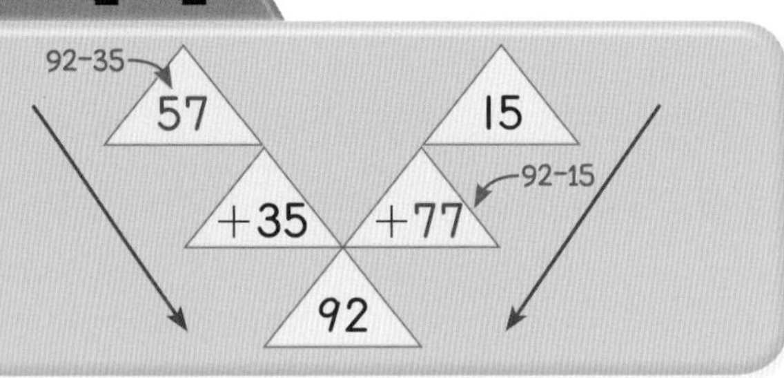

01

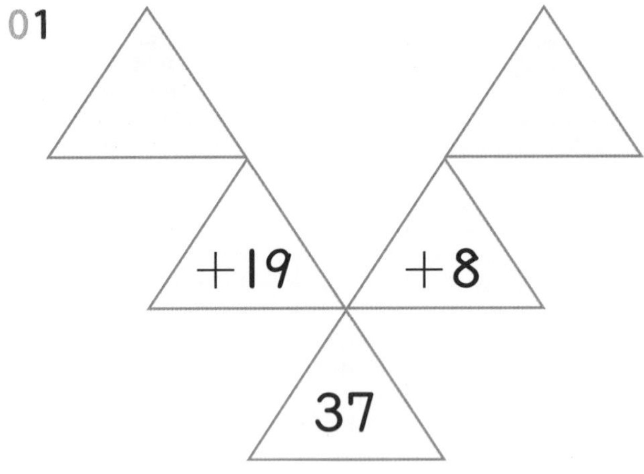

02

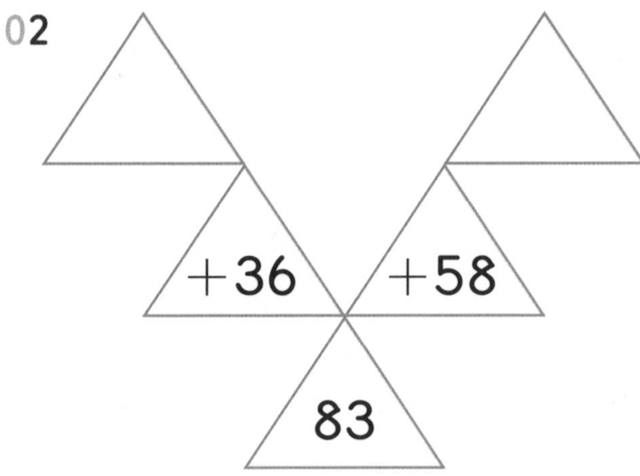

03

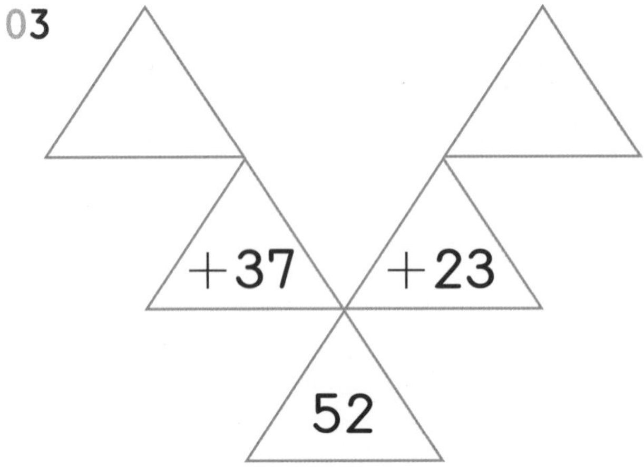

04

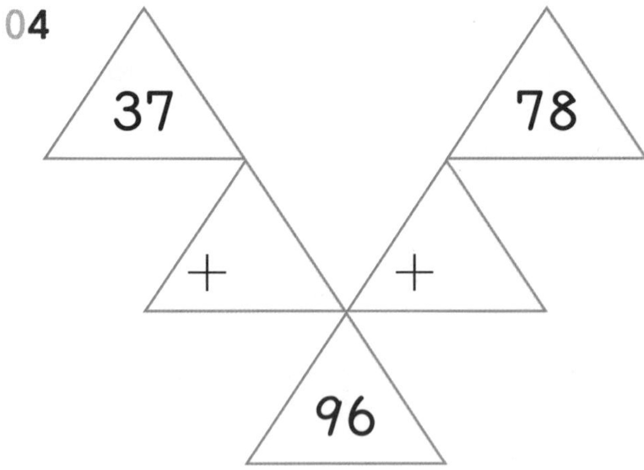

05

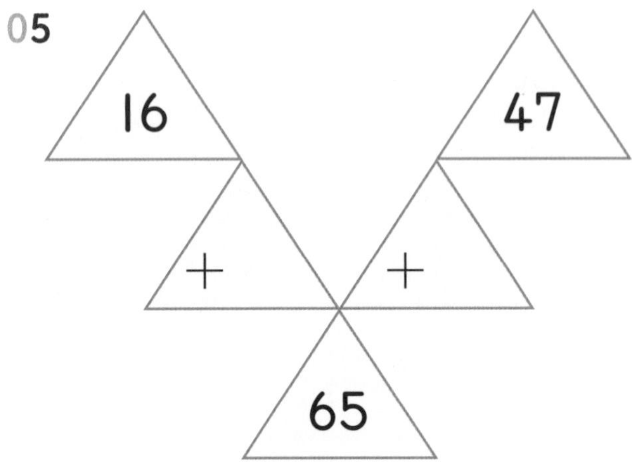

06

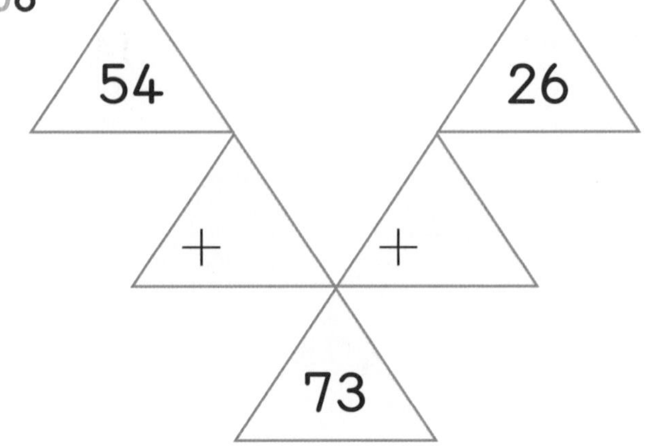

덧셈과 뺄셈의 관계를 이용하여
뺄셈식의 빈칸을 채워 보세요.

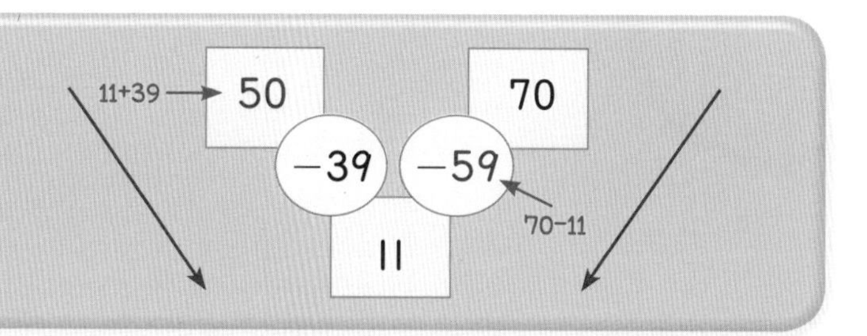

01

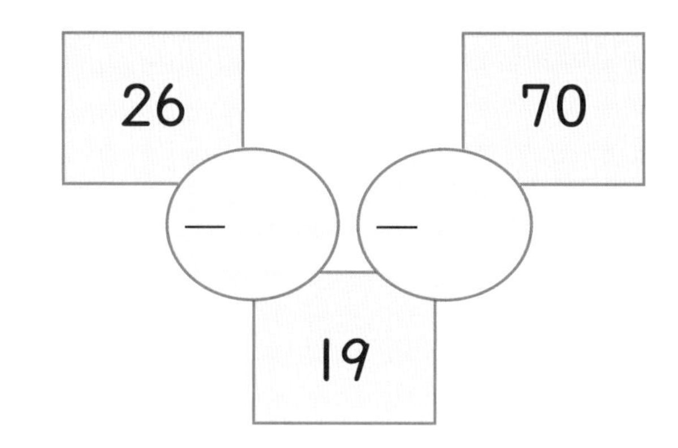

02

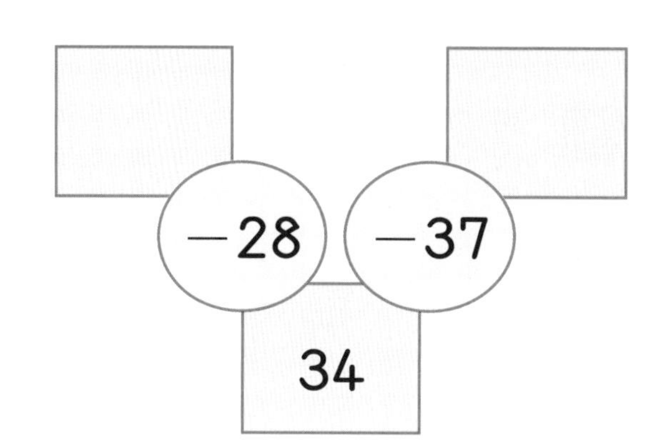

03

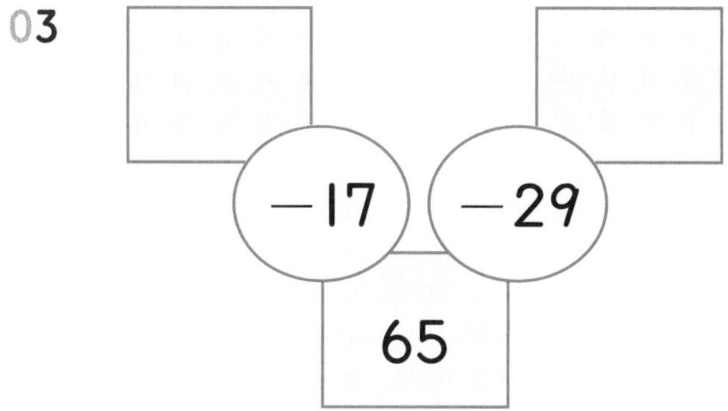

04

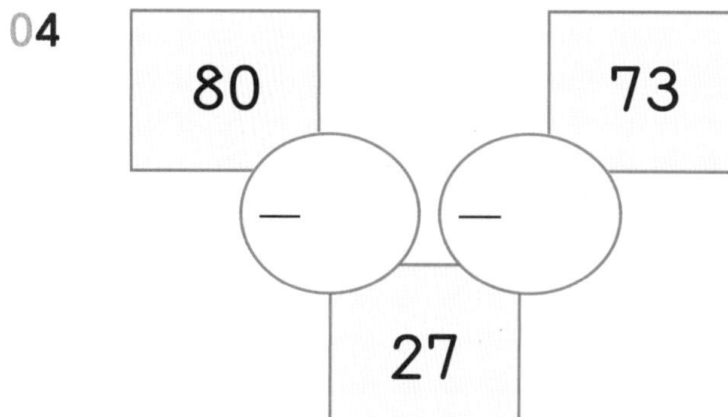

05

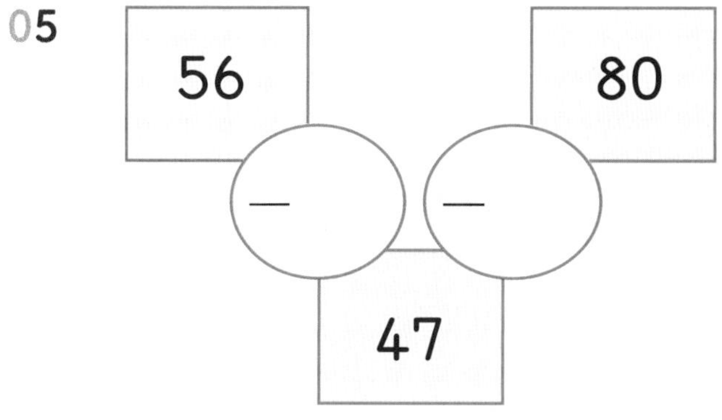

06

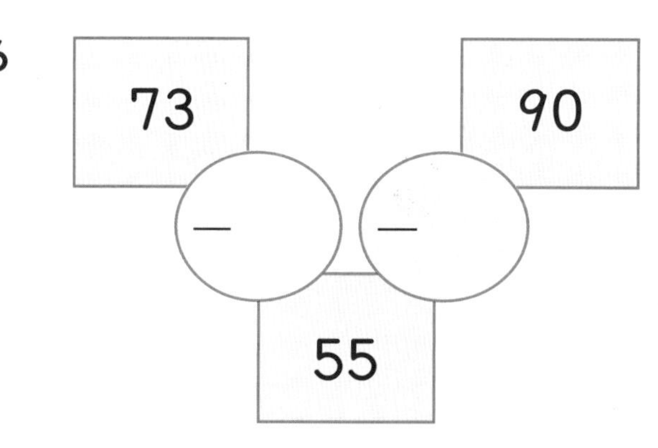

더하고 더하기

세 수를 더할 때에는 두 수를 먼저 더하고
그 결과와 나머지 수와의 덧셈을 해요.

세 수의 덧셈

$16 + 7 + 8 = 31$

$23 + 8 = 31$

두 수 16과 7의 합을 먼저 구한 후
그 결과와 8의 합을 구해요.

	1	6
+		7
	2	3
+		8
	3	1

$16 + 7 + 8 = 31$

$16 + 15 = 31$

세 수의 덧셈은 뒤의 두 수를 먼저
더해도 그 결과는 같아요.

		7
+		8
	1	5
+	1	6
	3	1

두 수를 먼저 더하여
세 수의 덧셈을 해 보세요.

$27+6+9=42$ → $33+9=42$

$27+6+9=42$ → $27+15=42$

앞의 두 수를 먼저 더하기

01

$17 + 5 + 8 = \square$

$\square + \square = \square$

02

$38 + 9 + 5 = \square$

$\square + \square = \square$

뒤의 두 수를 먼저 더하기

03

$38 + 7 + 17 = \square$

$\square + \square = \square$

04

$29 + 4 + 27 = \square$

$\square + \square = \square$

순서에 맞추어
세 수의 덧셈을 해 보세요.

16 + 18 + 27 = 61 (16 + 18 = 34, 34 + 27 = 61)

16 + 18 + 27 = 61 (18 + 27 = 45, 16 + 45 = 61)

01 15 + 17 + 28 = ☐

02 29 + 13 + 9 = ☐

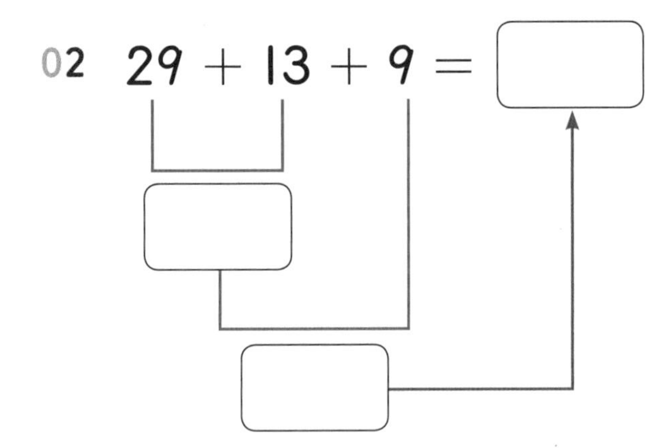

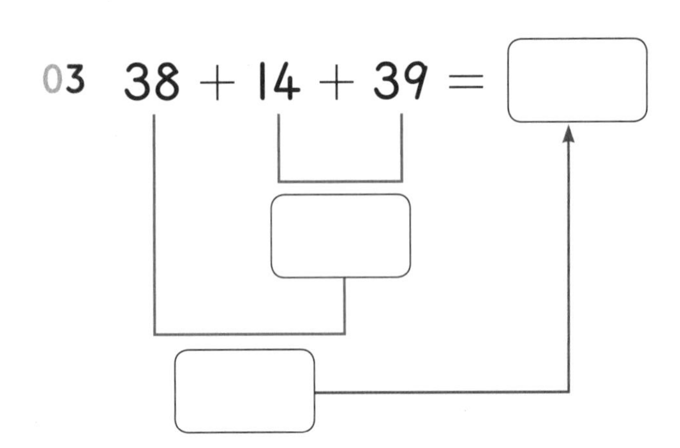

03 38 + 14 + 39 = ☐

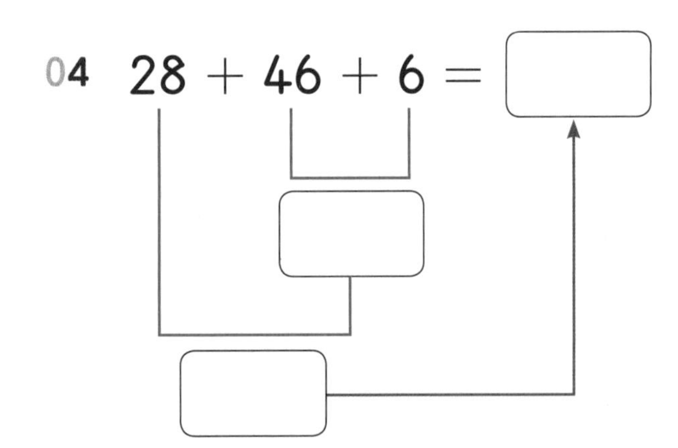

04 28 + 46 + 6 = ☐

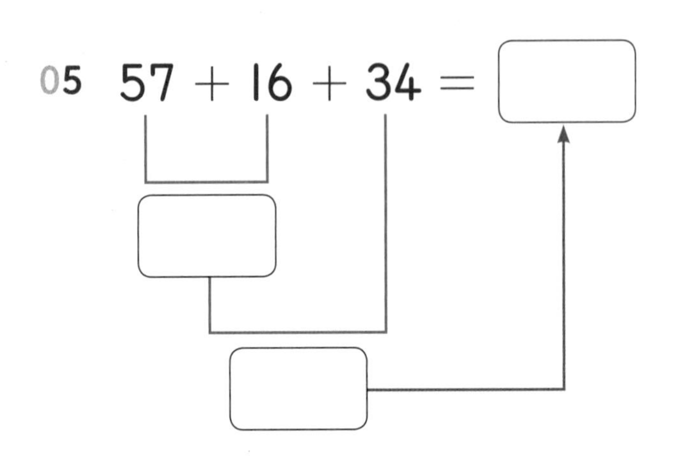

05 57 + 16 + 34 = ☐

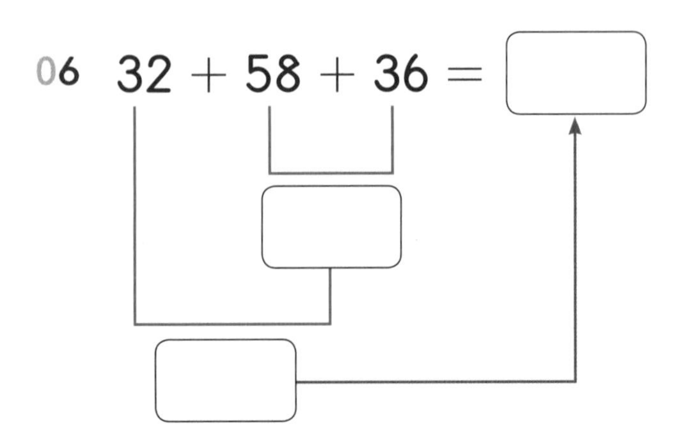

06 32 + 58 + 36 = ☐

07 $66 + 8 + 17 = \square$

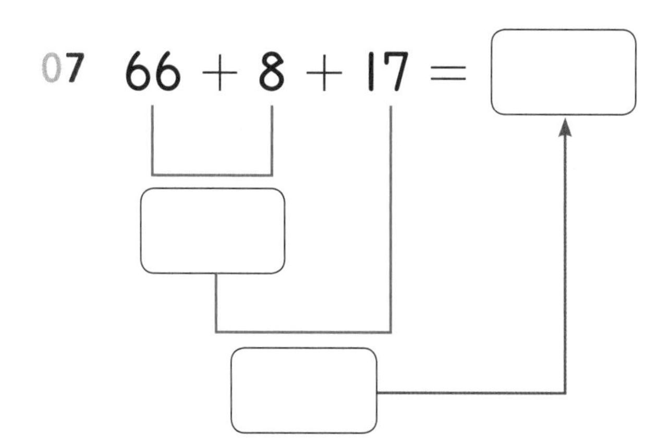

08 $57 + 6 + 19 = \square$

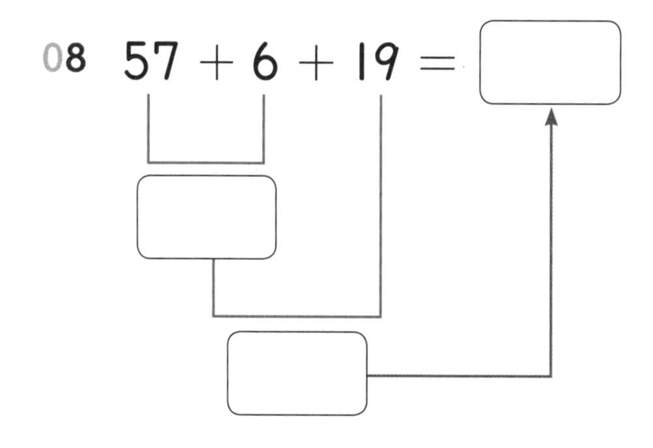

09 $8 + 17 + 57 = \square$

10 $25 + 87 + 6 = \square$

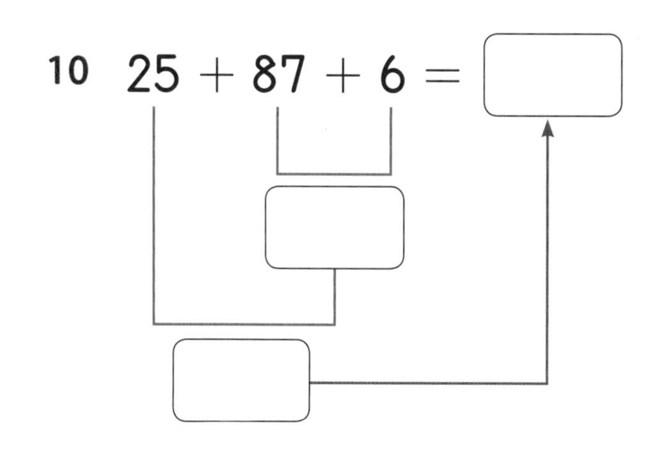

11 $56 + 26 + 35 = \square$

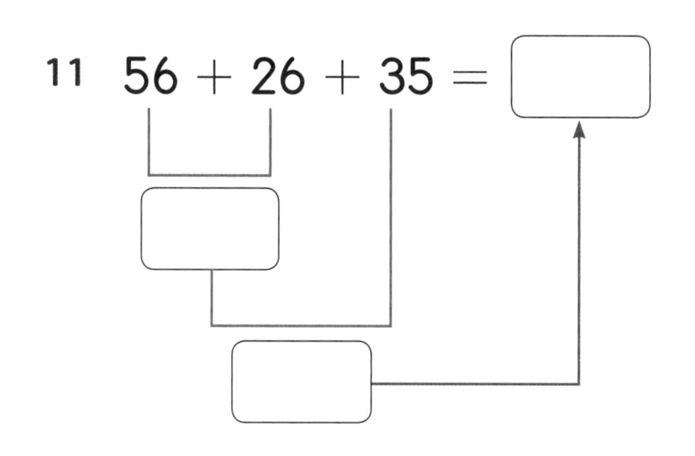

12 $36 + 35 + 57 = \square$

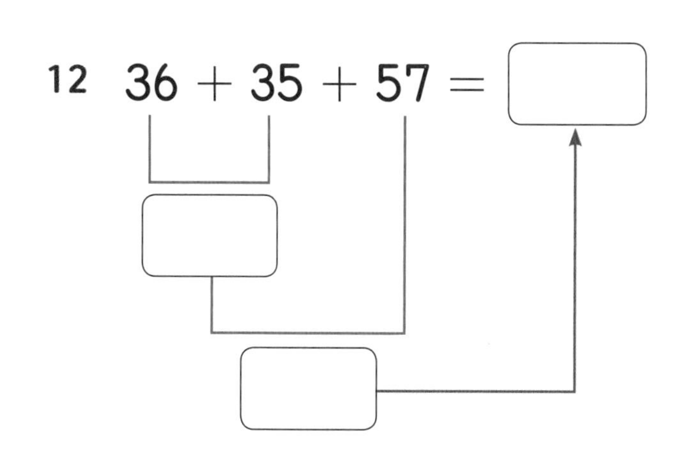

13 $13 + 87 + 8 = \square$

14 $55 + 16 + 35 = \square$

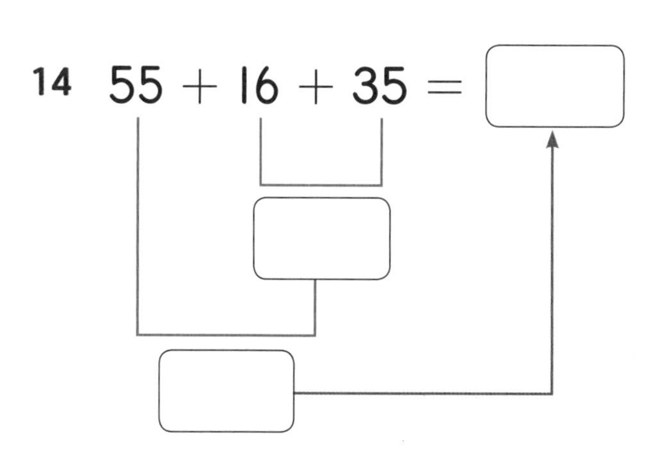

세 수의 덧셈을
가로셈으로 해 보세요.

$17+6+9=32$ | $17+6+9=32$

01 $27+7+28=$

02 $7+15+9=$

03 $49+28+71=$

04 $8+36+17=$

05 $6+17+52=$

06 $76+14+7=$

07 $26+56+31=$

08 $43+8+19=$

09 $43+29+33=$

10 $67+16+9=$

11 $25+16+61=$

12 $18+38+29=$

13 $55+27+9=$

14 $34+8+83=$

15 $66+26+24=$

16 $5+96+7=$

17 $14+57+61=$

18 $68+16+62=$

19 $14+19+48=$

20 $35+8+19=$

21 $16+68+7=$

22 $23+39+86=$

23 $66+17+23=$

24 $38+86+7=$

25 $29+56+43=$

26 $39+13+48=$

27 $55+13+29=$

28 $26+56+31=$

29 $17+58+32=$

30 $13+23+27=$

가로 또는 세로로 나열된 세 수를 더하여 빈칸을 채워 보세요.

01

		49	
15	59	26	
		18	

15+59+26

49+26+18

02

		55	
16	83	15	
		9	

03

		27	
9	54	31	
		49	

04

		34	
24	91	7	
		39	

05

		41	
24	69	16	
		27	

06

		72	
16	24	39	
		27	

07

27	52	6	
49			
18			

08

56	15	32	
37			
33			

09

64+17+25

64+38+7

			25
			17
	7	38	64

10

			21
			59
	22	66	8

11

		98	
		6	
29	86	17	

12

17	79	22	
	15		
	48		

13

		63	
		28	
99	7	14	

14

13	49	93	
	25		
	31		

12 빼고 빼기

세 수의 빼기를 할 때에는 앞에서부터 두 수의 뺄셈을 먼저 하고
그 결과와 나머지 수의 차를 구해요.

1 세 수의 뺄셈

$$52 - 27 - 16 = 9$$

$$25 - 16 = 9$$

두 수 52와 27의 차를 먼저 구한 후
그 결과와 16의 차를 구해요.

	5	2
−	2	7
	2	5
−	1	6
		9

$$52 - 27 - 16 = 9$$

$$52 - 9 = 43$$ ✕

세 수의 뺄셈을 할 때에 뒤의
두 수의 차를 먼저 계산하면
계산 결과가 달라져요.
따라서 반드시 앞에서부터
두 수씩 차례로 빼야 해요.

앞의 두 수의 차를 먼저 구하여
세 수의 뺄셈을 해 보세요.

$33-16-8=9$

$17-8=9$

01 31−15−8 계산하기

$31 - 15 - 8 = \square$

$\square - \square = \square$

02 40−26−5 계산하기

$40 - 26 - 5 = \square$

$\square - \square = \square$

03 50−24−7 계산하기

$50 - 24 - 7 = \square$

$\square - \square = \square$

04 64−28−19 계산하기

$64 - 28 - 19 = \square$

$\square - \square = \square$

원리가 쑥쑥 | 적용이 척척 | 풀이가 술술 | 실력이 쑥쑥

앞에서부터 차례로
세 수의 뺄셈을 해 보세요.

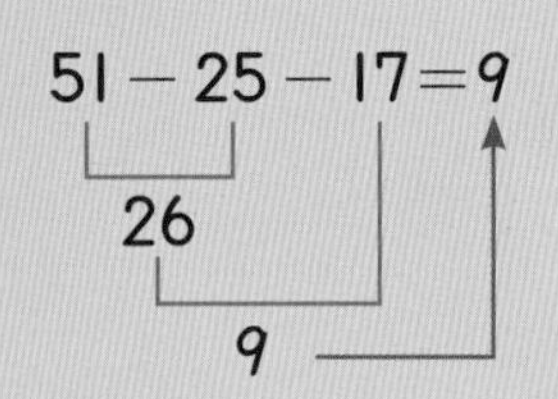

01 74 − 36 − 8 = □

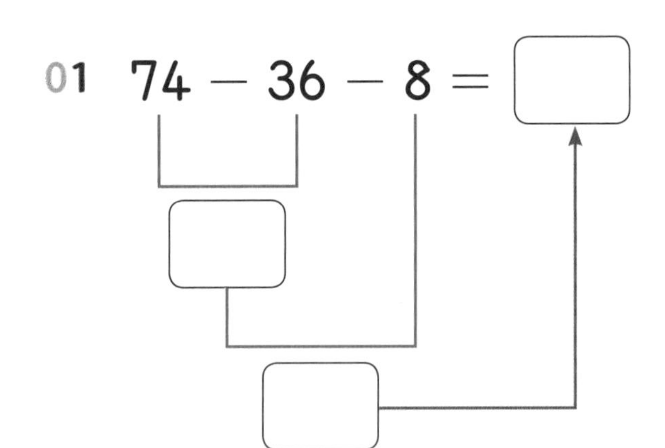

02 72 − 28 − 35 = □

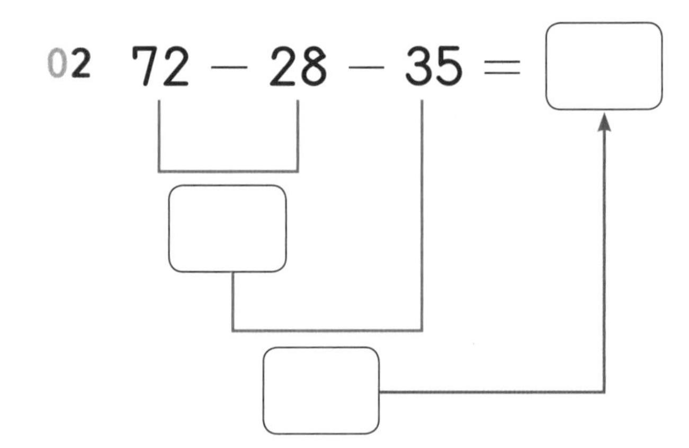

03 62 − 36 − 18 = □

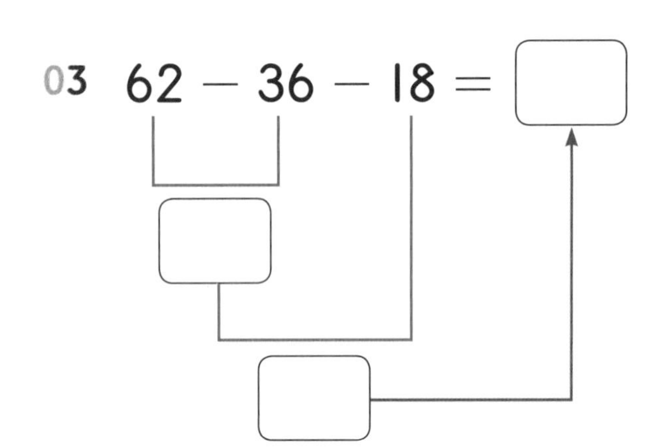

04 83 − 49 − 16 = □

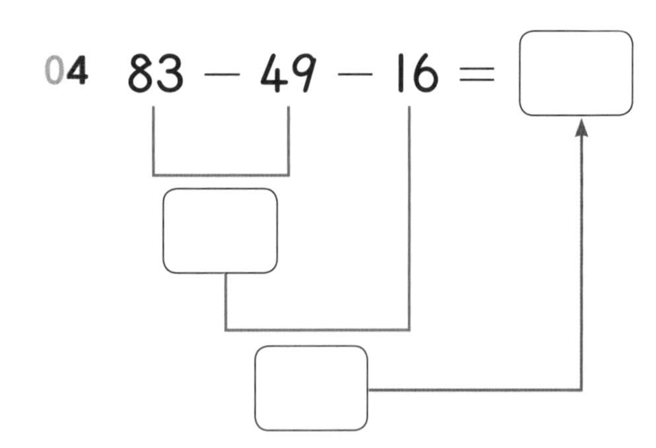

05 91 − 27 − 39 = □

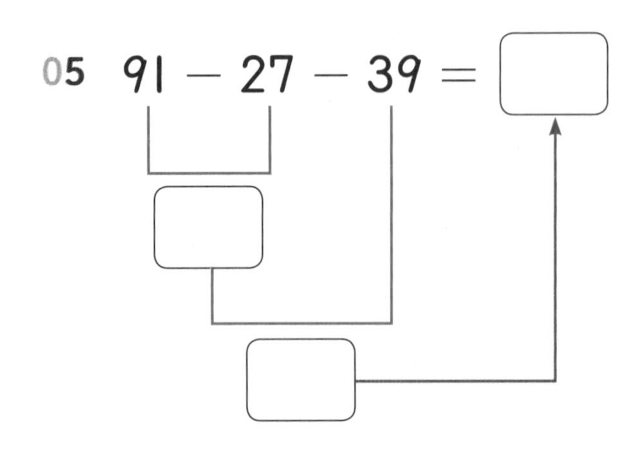

06 50 − 14 − 27 = □

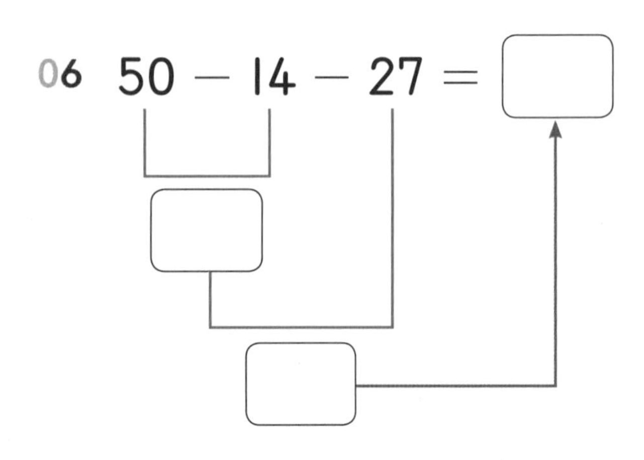

07 $73 - 49 - 8 = \square$

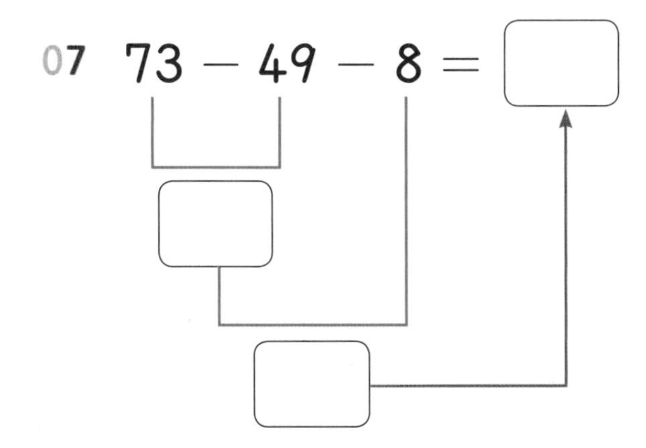

08 $54 - 36 - 13 = \square$

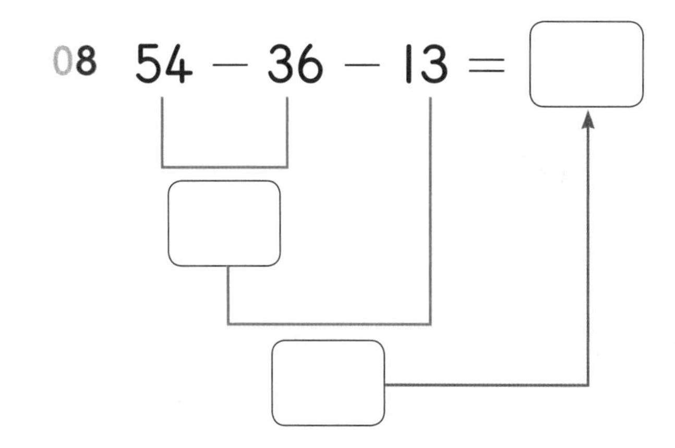

09 $72 - 26 - 11 = \square$

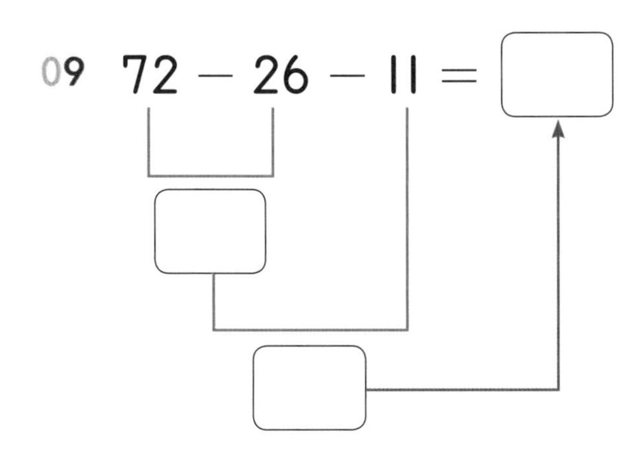

10 $64 - 23 - 28 = \square$

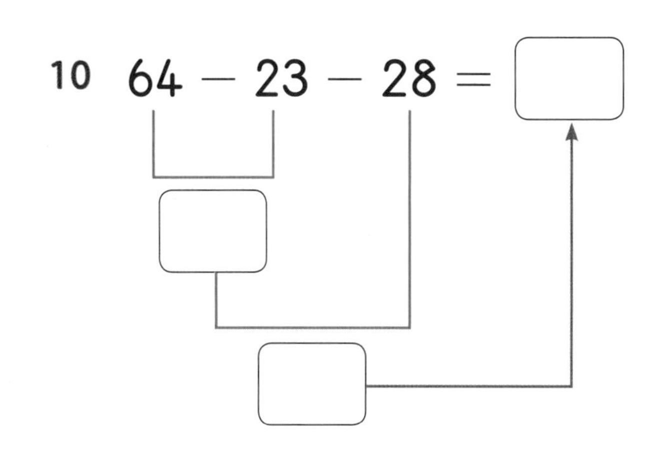

11 $41 - 14 - 12 = \square$

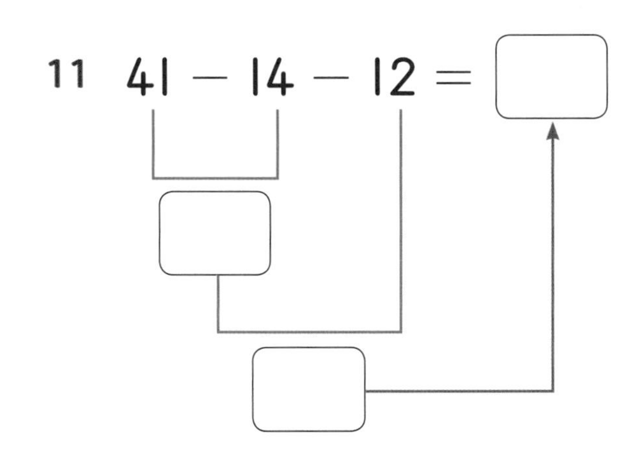

12 $82 - 29 - 27 = \square$

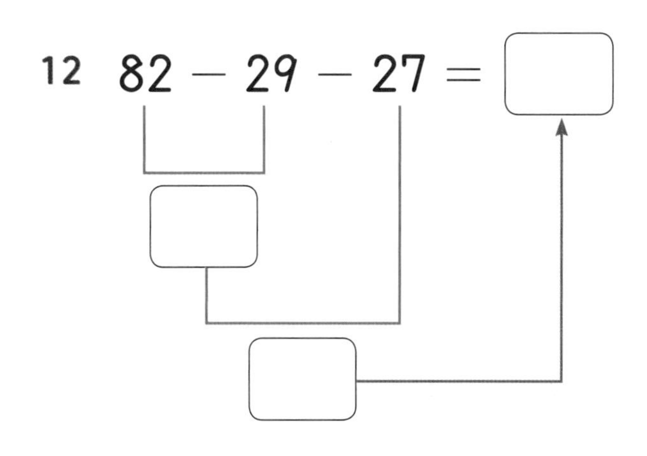

13 $71 - 15 - 19 = \square$

14 $95 - 38 - 29 = \square$

세 수의 뺄셈을 순서에 맞게
해 보세요.

$56-29-18=9$

01 $53-8-26=$

02 $46-17-9=$

03 $43-16-8=$

04 $81-39-20=$

05 $74-17-19=$

06 $83-69-8=$

07 $63-16-11=$

08 $90-14-23=$

09 $72-53-6=$

10 $80-25-37=$

11 $94-16-69=$

12 $82-25-8=$

13 $93-26-43=$

14 $83-29-7=$

15 $73-24-37=$

16 $92-13-45=$

17 $82-48-15=$

18 $65-47-13=$

19 $60-27-16=$

20 $90-15-36=$

21 $81-45-7=$

22 $65-29-18=$

23 $96-38-14=$

24 $84-7-26=$

25 $90-4-49=$

26 $41-14-12=$

27 $54-18-29=$

28 $67-19-24=$

29 $66-32-29=$

30 $71-23-31=$

세 수의 뺄셈을 하여 빈칸을 채워 보세요.

01

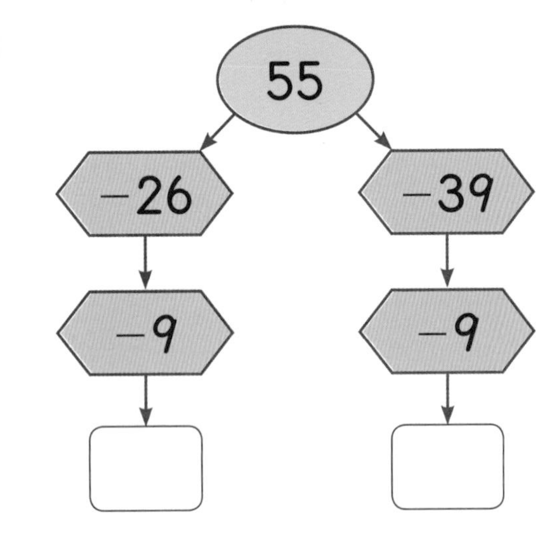

02

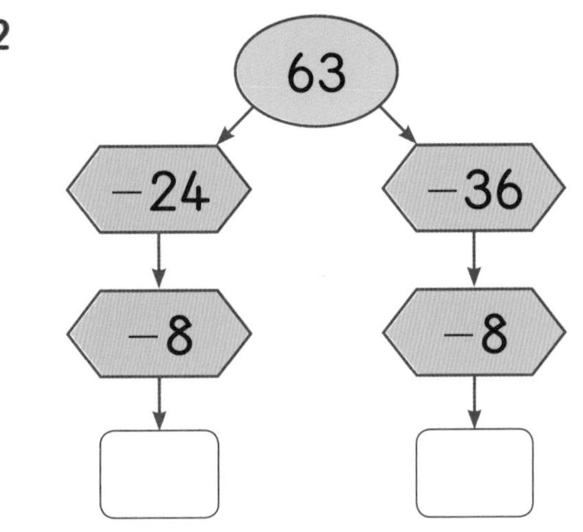

03

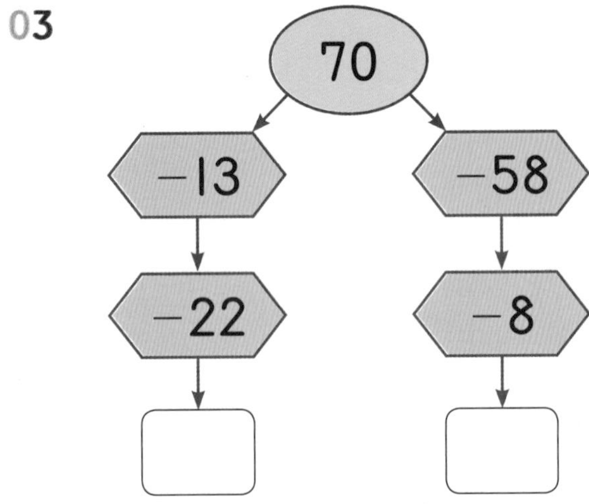

04

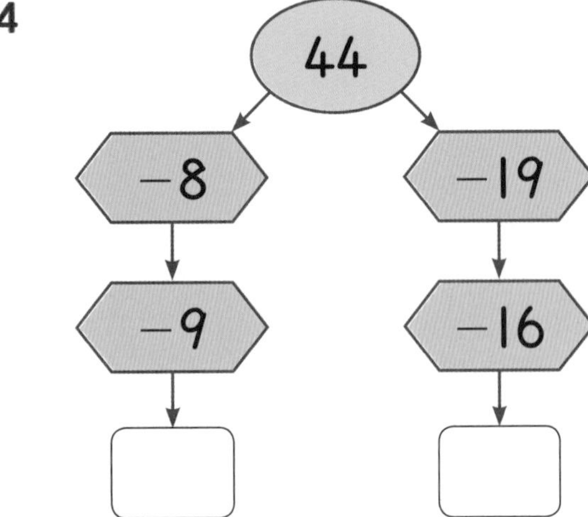

05

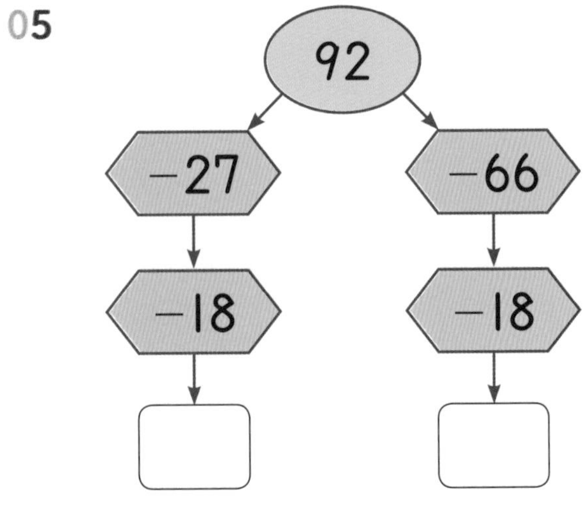

06

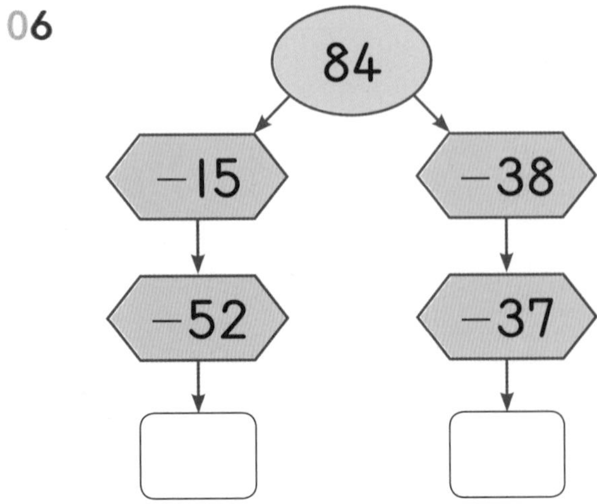

가로 또는 세로로 나열된 세 수의 뺄셈을 하여 빈칸을 채워 보세요.

01

		76	
54	−7	−37	
		−15	

02

		82	
71	−35	−24	
		−35	

03

		90	
80	−16	−55	
		−17	

04

		62	
92	−17	−17	
		−29	

05

		74	
96	−17	−37	
		−19	

06

		60	
73	−26	−16	
		−15	

더하고 빼기, 빼고 더하기

+, − 가 섞여 있는 세 수의 계산은 앞에서부터 차례로 계산해요.

1 세 수의 덧셈과 뺄셈

$55 + 8 - 17 = 46$

① 63

② 46

두 수 55와 8의 합을 먼저 구한 후 그 결과와 17과의 차를 구해요.

$46 - 19 + 14 = 41$

① 27

② 41

두 수 46과 19의 차를 먼저 구한 후 그 결과와 14의 합을 구해요.

덧셈과 뺄셈이 섞여 있는 세 수의 계산은 순서를 바꾸어 계산하면 그 결과가 달라질 수 있으므로 반드시 앞에서부터 차례로 두 수씩 계산해요.

$55 + 8 - 17 =$

① ② ← 뺄셈을 할 수 없어요.

×

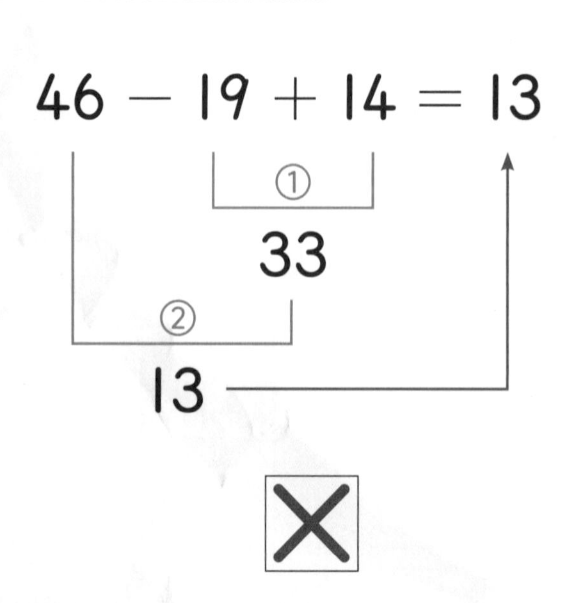

×

앞에서부터 차례로 계산하여 덧셈과 뺄셈이 섞여 있는 세 수의 계산을 해 보세요.

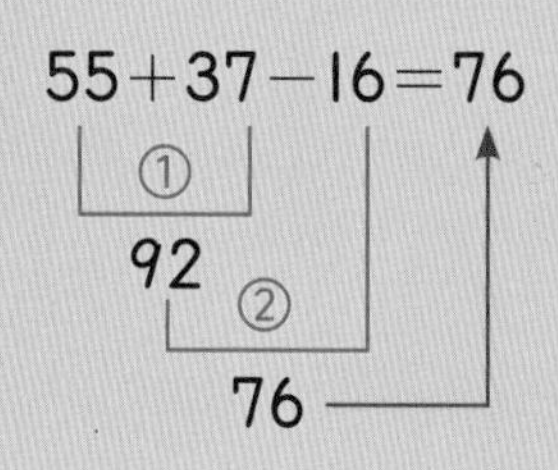

더하고 빼기

01

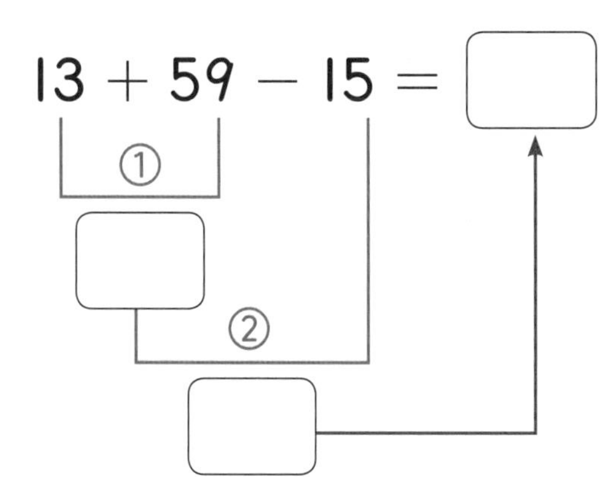

02

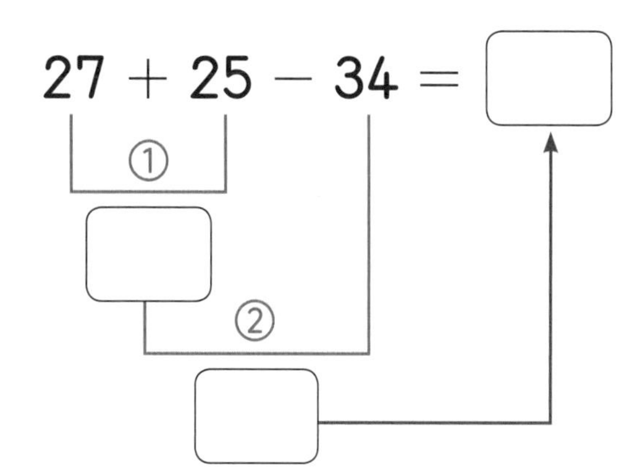

빼고 더하기

03

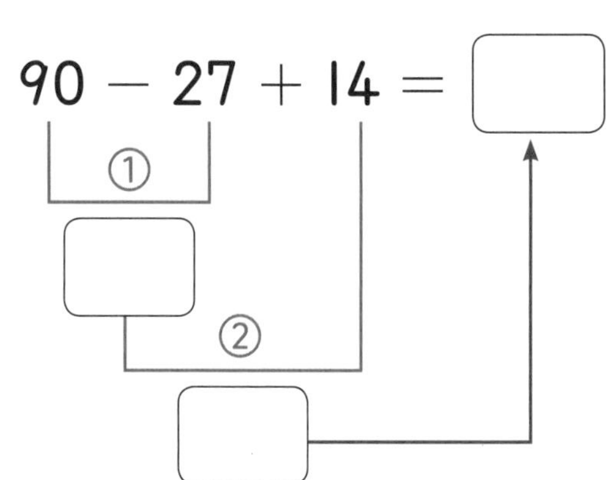

04

77 − 39 + 25 = ☐

①

②

앞에서부터 차례로 세 수의 덧셈과 뺄셈을 해 보세요.

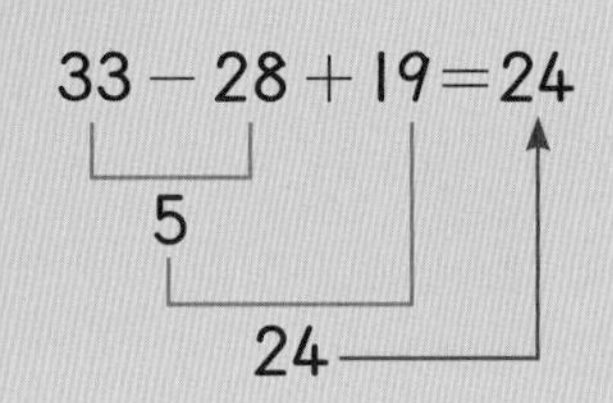

01 $45 + 66 - 40 = \square$

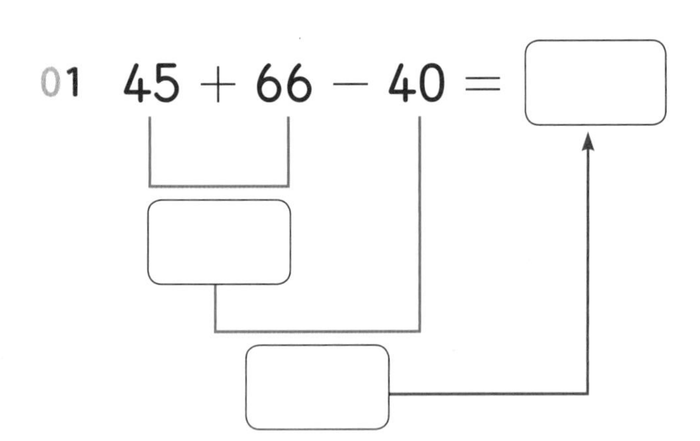

02 $33 + 67 - 35 = \square$

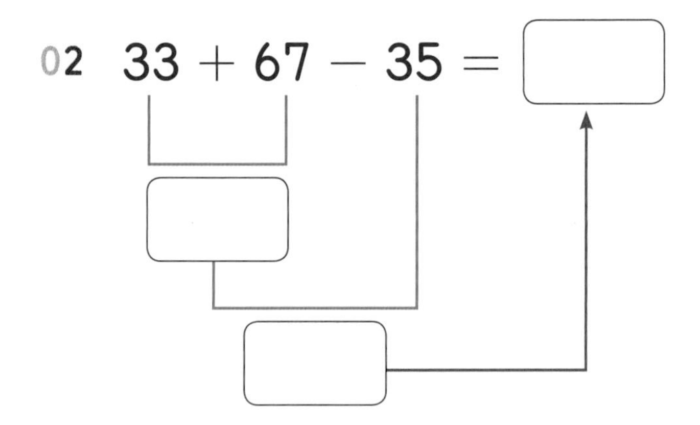

03 $22 + 91 - 58 = \square$

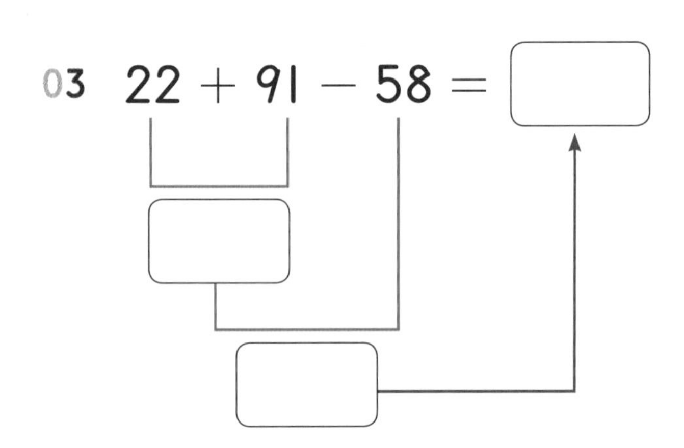

04 $21 + 85 - 34 = \square$

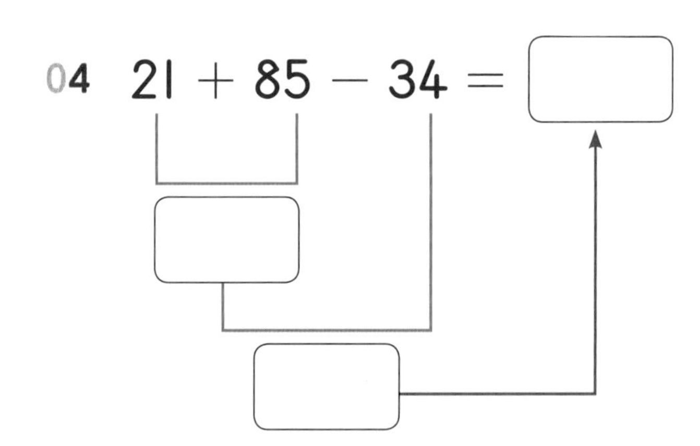

05 $45 - 6 + 28 = \square$

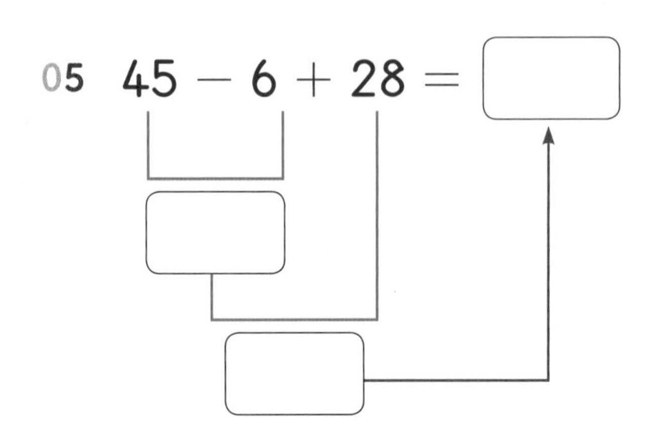

06 $64 - 9 + 34 = \square$

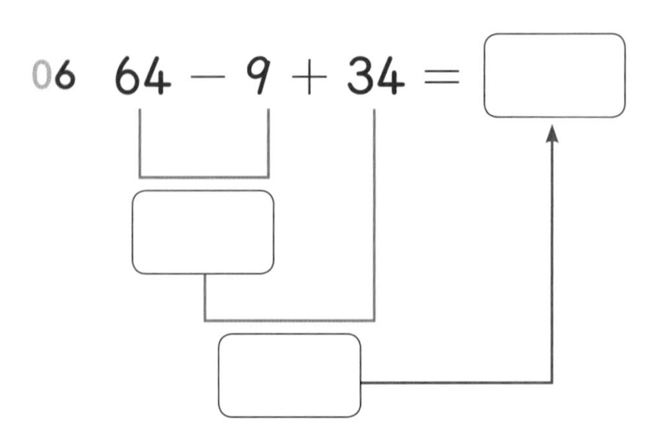

07 $80 - 25 + 16 =$ ☐

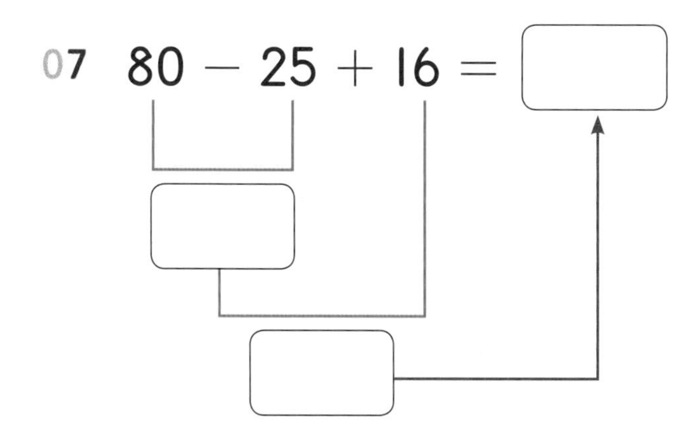

08 $60 - 18 + 37 =$ ☐

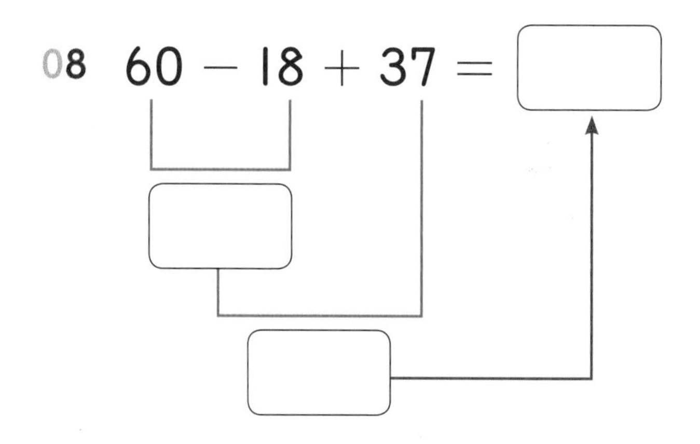

09 $54 + 17 - 43 =$ ☐

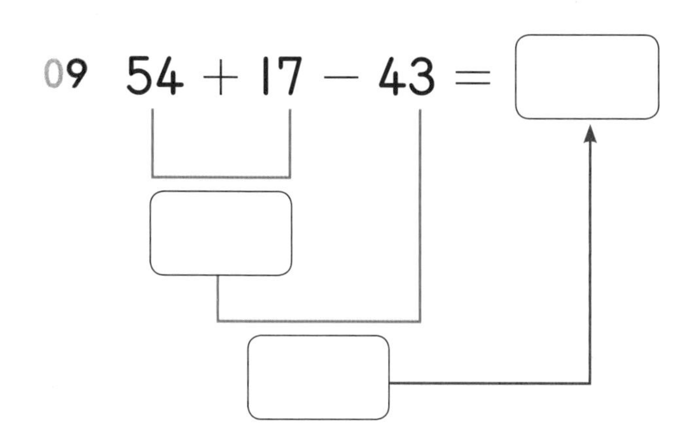

10 $35 + 58 - 25 =$ ☐

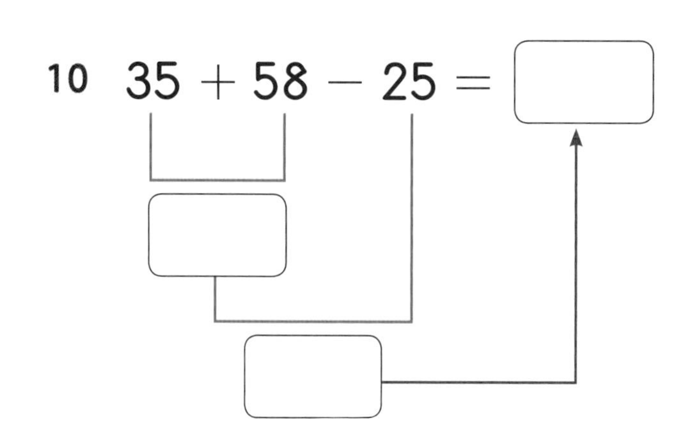

11 $42 - 37 + 98 =$ ☐

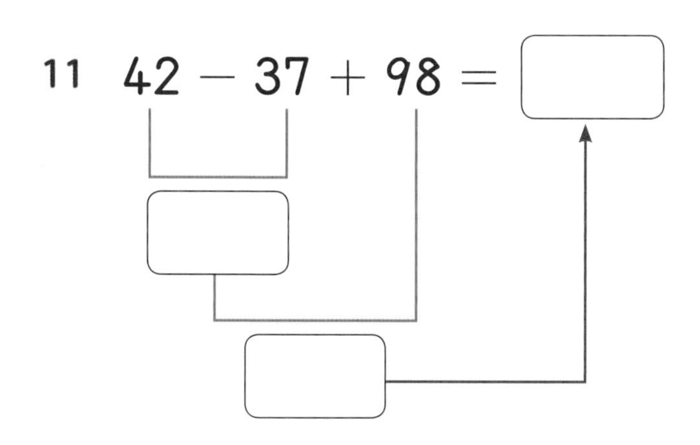

12 $55 - 16 + 52 =$ ☐

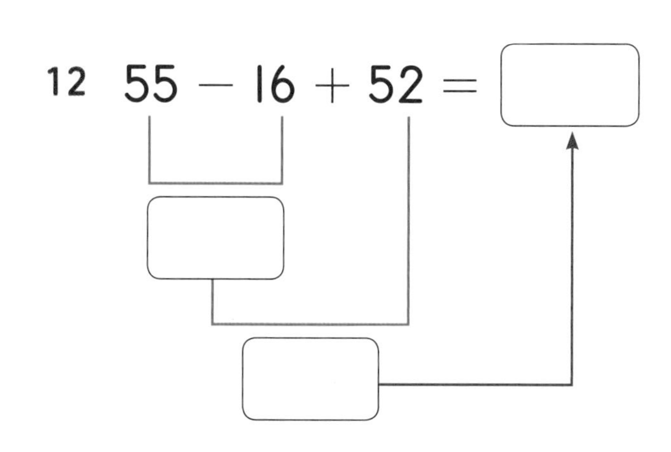

13 $23 + 82 - 69 =$ ☐

14 $68 + 18 - 19 =$ ☐

원리가 쏙쏙 적용이 척척 풀이가 술술 실력이 쑥쑥

세 수의 덧셈과 뺄셈을 순서에 맞게 해 보세요.

$66+28-46=48$

01 $9+95-36=$

02 $90-12+6=$

03 $75-19+11=$

04 $48+5-14=$

05 $87+4-36=$

06 $81-24+17=$

07 $76+19-88=$

08 $23+94-52=$

09 $80-26+35=$

10 $65-56+44=$

11 $43+62-47=$

12 $75-48+51=$

13 $83+27-65=$

14 $16+49-15=$

15 $44-36+79=$

16 $55+92-89=$

17 $58+26-39=$

18 $63-25+13=$

19 $84-19+35=$

20 $17+85-23=$

21 $36+97-79=$

22 $76-28+57=$

23 $35+77-60=$

24 $93-35+66=$

25 $63+29-35=$

26 $53-44+67=$

27 $68-39+84=$

28 $52+85-64=$

29 $27+67-56=$

30 $52-34+86=$

어떤 수가 △를 만나면 뺄셈을 하고,
⬡를 만나면 덧셈을 해요.
규칙에 맞게 계산을 해 보세요.

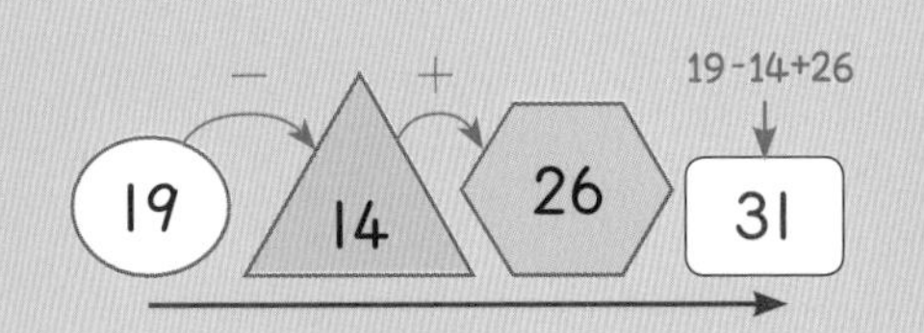

01
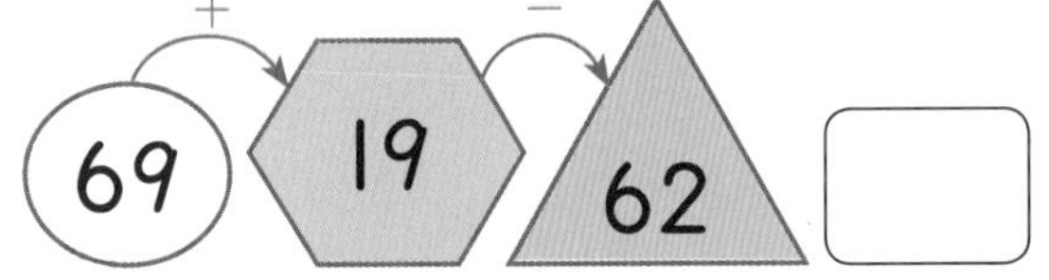

02
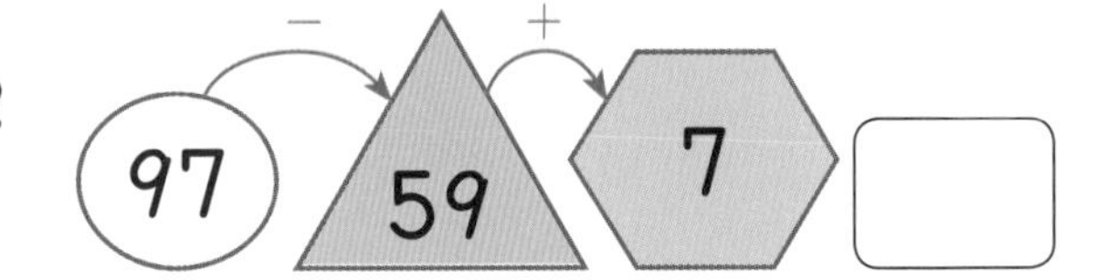

03
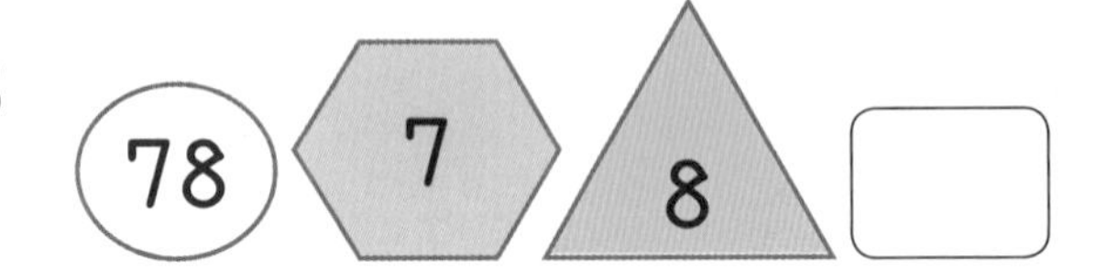

04
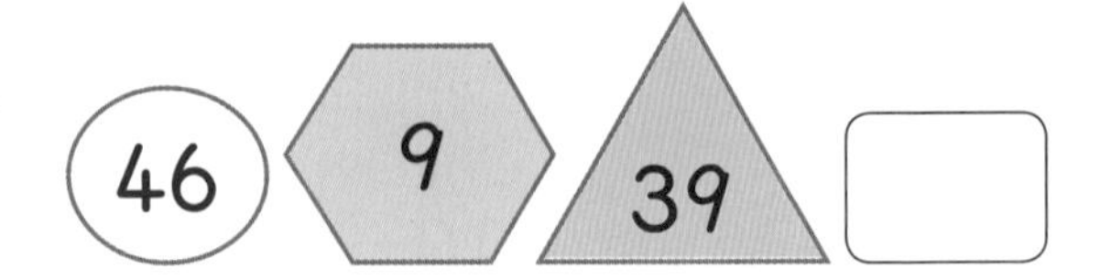

05
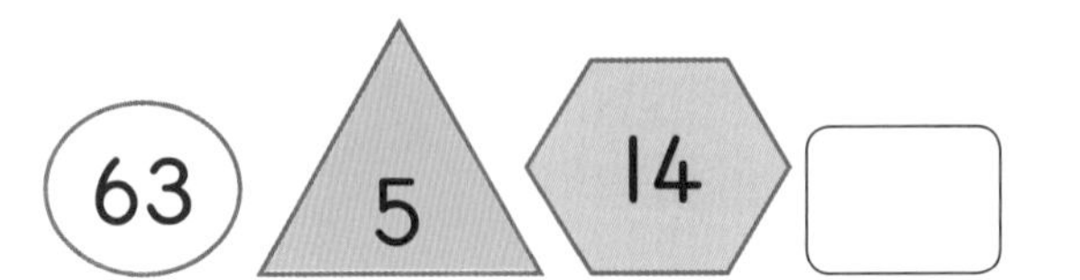

06
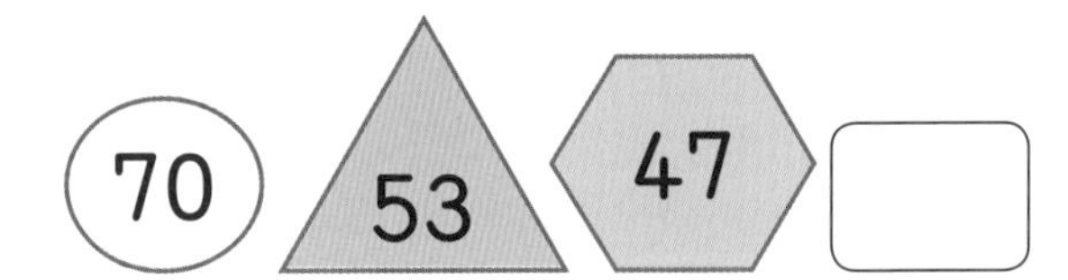

07
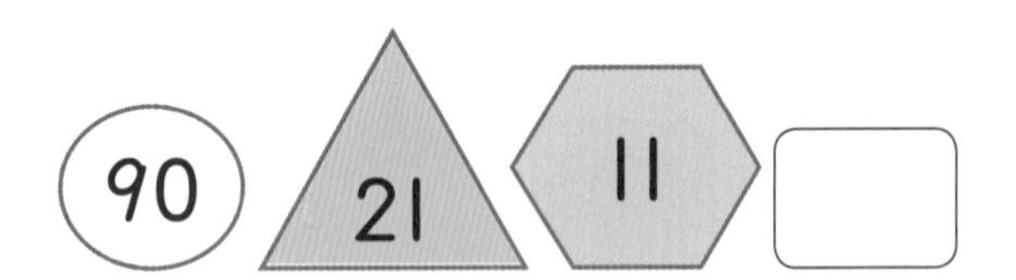

08
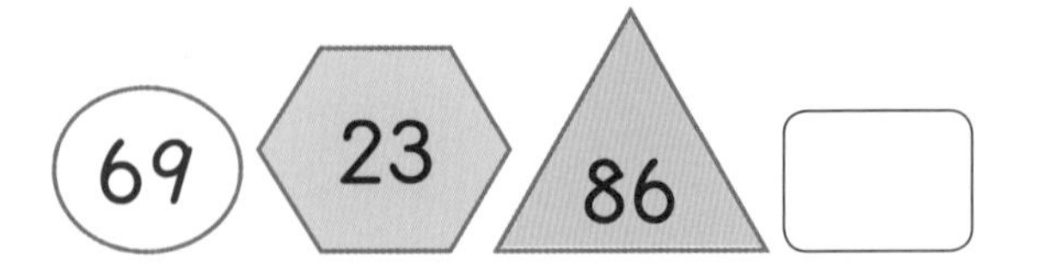

09
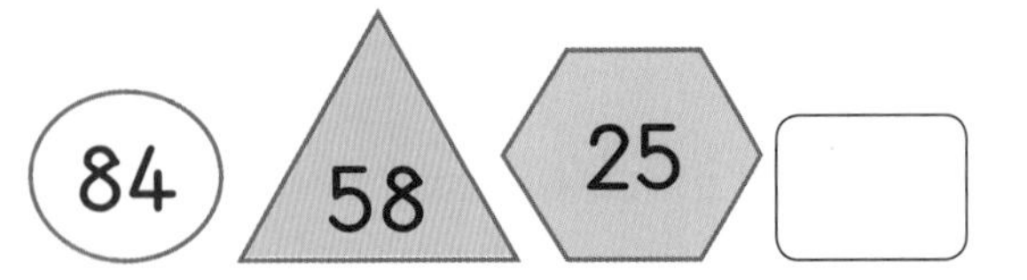

10
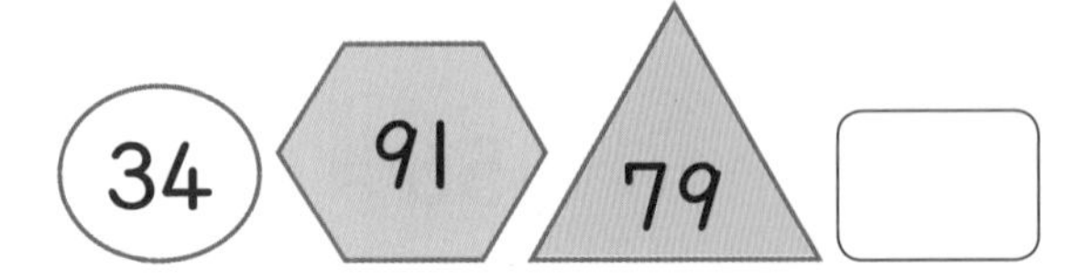

식의 결과에 맞게 ◇ 안에 + 또는 − 기호를 알맞게 써넣어 보세요.

01 83 ◇ 27 ◇ 5 = 61

02 65 ◇ 42 ◇ 70 = 37

03 58 ◇ 18 ◇ 59 = 17

04 92 ◇ 14 ◇ 13 = 91

05 67 ◇ 14 ◇ 55 = 26

06 91 ◇ 54 ◇ 66 = 103

07 70 ◇ 37 ◇ 68 = 101

08 76 ◇ 27 ◇ 67 = 36

09 74 ◇ 53 ◇ 93 = 34

10 90 ◇ 45 ◇ 57 = 102

3에서 배운 연산으로 해결해 봐요!

▶ 가장 큰 수와 가장 작은 수를 만들어 봐요

주어진 수 카드 중 세 개의 카드를 선택하여 정해진 덧셈과 뺄셈으로 가장 큰 수와 가장 작은 수를 만들어 보세요.

01 14 27 5 64

가장 큰 수 □ + □ + □ = □

가장 작은 수 □ + □ + □ = □

02 55 12 36 93

가장 큰 수 □ − □ − □ = □

가장 작은 수 □ − □ − □ = □

03 43 79 31 86

가장 큰 수 □ + □ − □ = □

가장 작은 수 □ + □ − □ = □

▶ 규칙에 맞게 계산해 봐요

가로 또는 세로로 연속되는 세 수의 합이 주어진 수가 되도록 묶어 보세요.
각 문제마다 묶음은 3개예요.

규칙

01

43

25	1	17	21
5	25	8	4
17	5	18	20
80	9	11	25

02

105

35	66	2	1
13	4	70	85
43	29	33	37
49	13	89	98

03

128

39	26	50	29
48	24	48	56
1	60	55	43
80	44	20	68

04

92

6	67	9	16
30	17	20	55
28	40	15	14
79	35	26	29

▶ 문장의 뜻을 이해하며 식을 세워 봐요

이야기 속에 주어진 조건을 생각하며 식을 세우고 답을 구해 보세요.

01 2학년 친구들이 좋아하는 운동을 조사했더니 야구는 12명, 축구는 38명, 농구는 29명이었습니다. 조사한 학생은 모두 몇 명입니까?

식 답 명

02 전체 쪽수가 82쪽인 책을 어제는 48쪽 읽고, 오늘은 15쪽 읽었습니다. 남은 책의 쪽수는 몇 쪽입니까?

식 답 쪽

03 핸드폰으로 놀이공원에서 사진을 76장 찍고, 동물원에서 19장을 찍었습니다. 이 사진들 중 26장은 지웠을 때, 남은 사진은 몇 장입니까?

식 답 장

04 화단에 68송이의 꽃을 심었는데 39송이가 시들어서 뽑아 버리고 84송이를 더 심었습니다. 화단에 있는 꽃은 모두 몇 송이입니까?

식 답 송이

3에서 무엇을 배웠을까요?

$45+18=63$ ➡ $63-18=45$, $63-45=18$

$63-45=18$ ➡ $45+18=63$, $18+45=63$

덧셈을 뺄셈으로, 뺄셈을 덧셈으로

덧셈식 1개는 2개의 뺄셈식으로,
뺄셈식 1개는 2개의 덧셈식으로
나타낼 수 있어요.

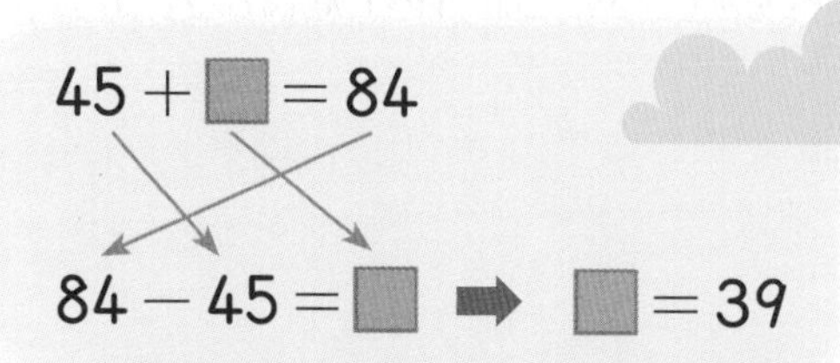

□의 값은?

덧셈과 뺄셈의 관계를 이용하여
빈칸에 들어갈 값을 구해요.

더하고 더하기

세 수의 덧셈은 앞의 두 수부터
차례로 더하거나, 순서를 바꾸어
더하기를 할 수 있어요.

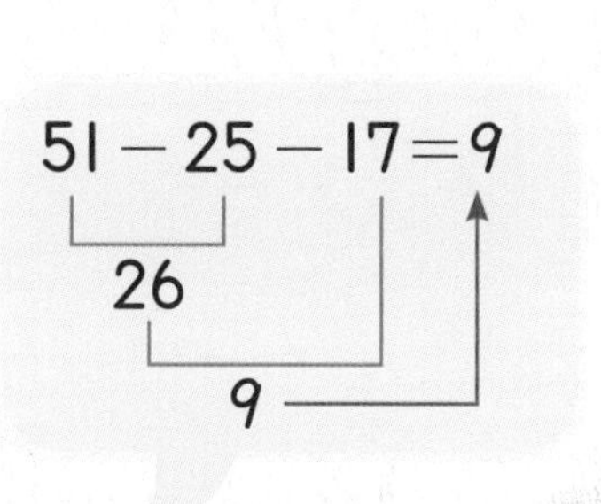

빼고 빼기

세 수의 뺄셈은 앞에서부터
두 수씩 차례로 계산해요.

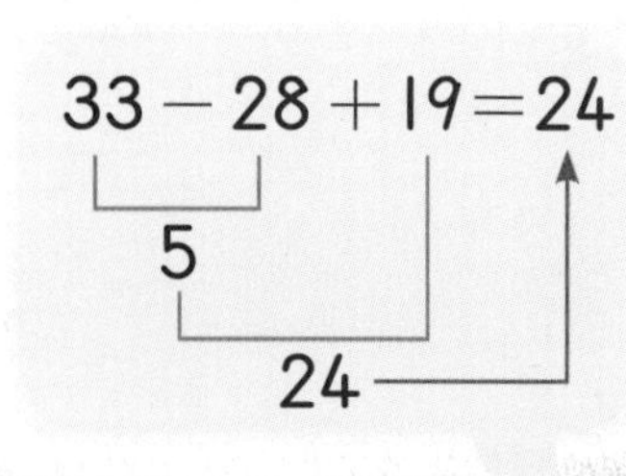

더하고 빼기, 빼고 더하기

+, −가 섞여 있는 세 수의 계산은
앞에서부터 차례로 계산해요.

MEMO

MEMO

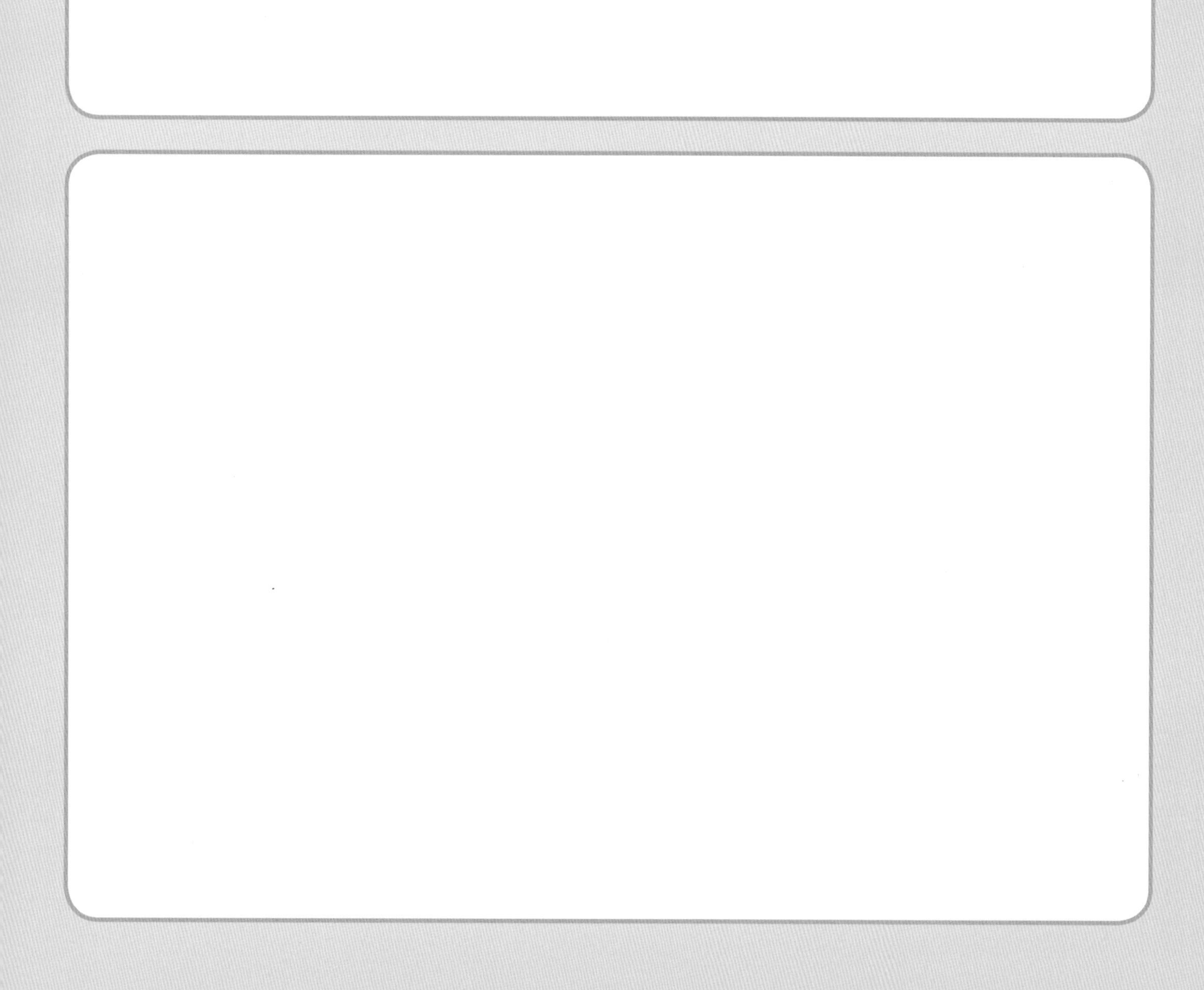

MEMO

아이가 좋아하는 4단계 초등연산

?! 정답

덧셈·뺄셈

2

동양북스

p.011

받아올림이 있는 (두 자리 수)+(한 자리 수)

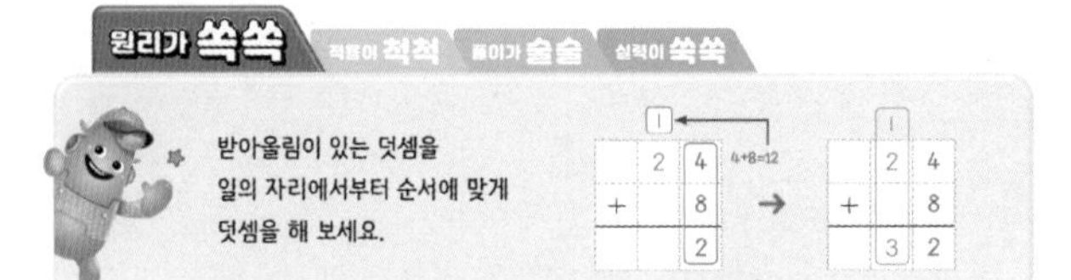

17+4 계산하기

01

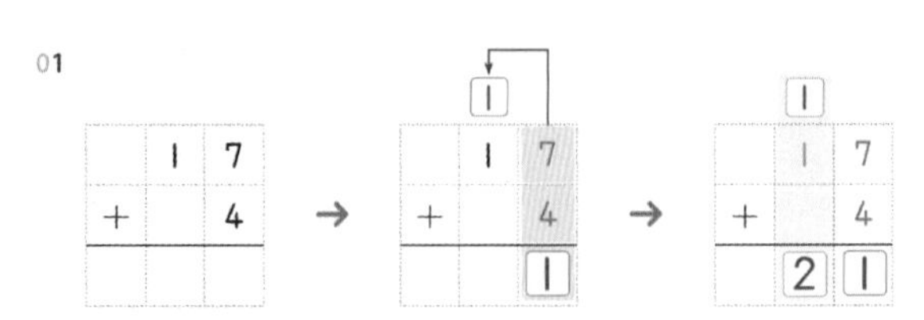

25+9 계산하기

02

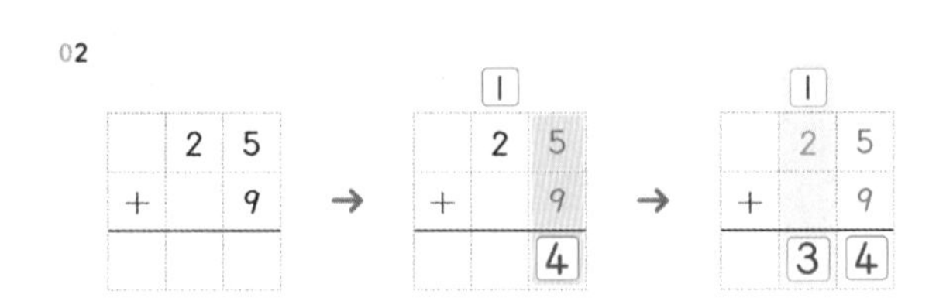

p.012~013

원리가 쑥쑥 적용이 척척 풀이가 술술 실력이 쑥쑥

세로셈으로 덧셈하기
받아올림이 있는 (몇십몇)+(몇)을
세로셈으로 해 보세요.

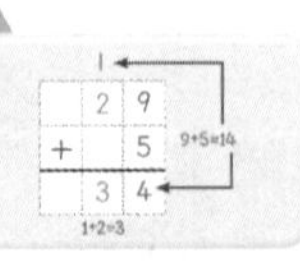

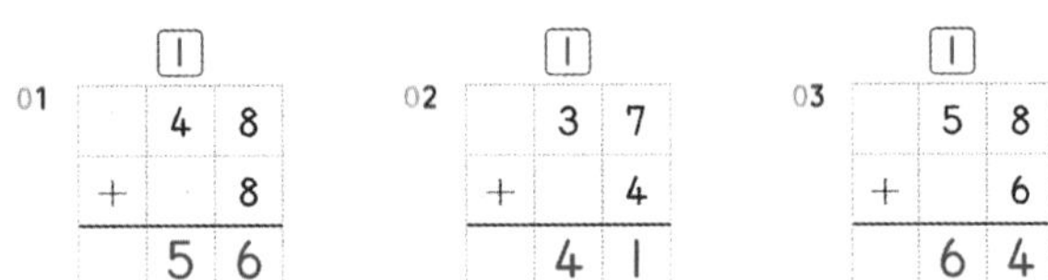
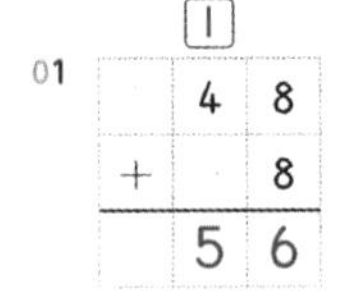

01 48 + 8 = 56 (받아올림 1)
02 37 + 4 = 41 (받아올림 1)
03 58 + 6 = 64 (받아올림 1)

04 16 + 7 = 23 (받아올림 1)
05 73 + 8 = 81 (받아올림 1)
06 69 + 6 = 75 (받아올림 1)

07 39 + 9 = 48 (받아올림 1)
08 49 + 7 = 56 (받아올림 1)
09 18 + 6 = 24 (받아올림 1)

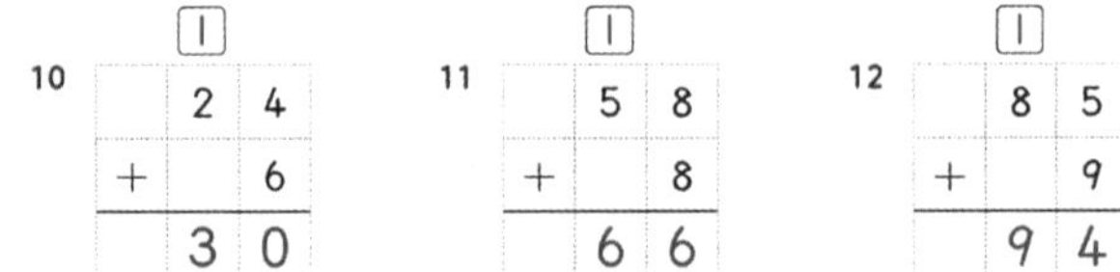

10 24 + 6 = 30 (받아올림 1)
11 58 + 8 = 66 (받아올림 1)
12 85 + 9 = 94 (받아올림 1)

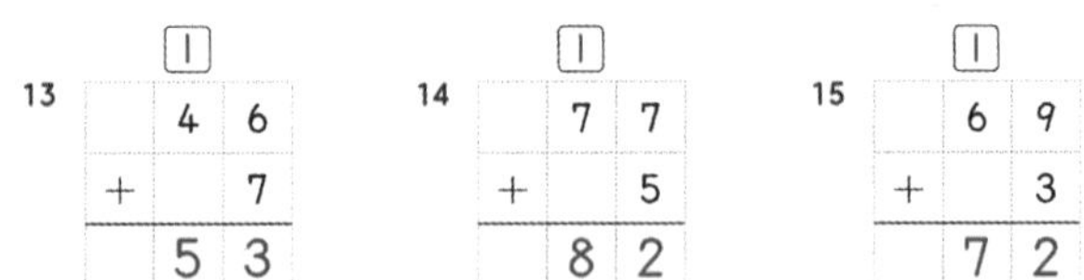

13 46 + 7 = 53 (받아올림 1)
14 77 + 5 = 82 (받아올림 1)
15 69 + 3 = 72 (받아올림 1)

16 77 + 7 = 84 (받아올림 1)
17 87 + 8 = 95 (받아올림 1)
18 48 + 9 = 57 (받아올림 1)

19 86 + 5 = 91 (받아올림 1)
20 65 + 9 = 74 (받아올림 1)
21 39 + 4 = 43 (받아올림 1)

p.014~015

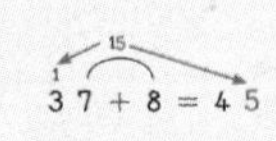

받아올림이 있는 (몇십몇)+(몇)을 가로셈으로 해 보세요.

01 48+5= 53

02 28+3= 31
03 44+8= 52

04 66+9= 75
05 33+7= 40
06 56+5= 61

07 74+7= 81
08 15+8= 23
09 26+4= 30

10 49+3= 52
11 57+9= 66
12 87+6= 93

13 65+7= 72
14 27+7= 34
15 56+7= 63

16 38+7= 45
17 78+8= 86
18 89+9= 98

19 15+9= 24
20 29+2= 31
21 66+8= 74

22 84+8= 92
23 79+4= 83
24 85+7= 92

25 47+9= 56
26 58+4= 62
27 19+8= 27

28 76+6= 82
29 88+3= 91
30 19+3= 22

31 69+9= 78
32 73+9= 82
33 49+6= 55

34 68+6= 74
35 58+7= 65

36 29+9= 38

p.016~017

가르기 하여 덧셈하기
더하는 한 자리 수를 가르기 하여 받아올림이 있는 (몇십몇)+(몇)을 해 보세요.

54+9=60+3=63

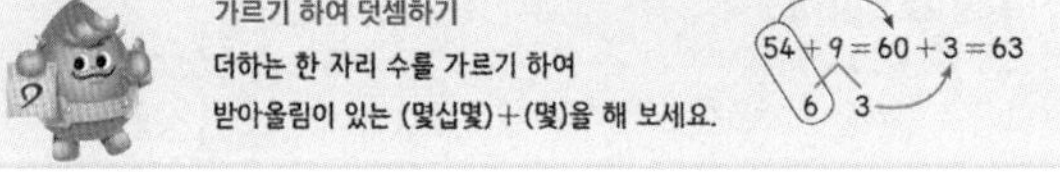

01 38+3=40+1=41 (3 → 2, 1)

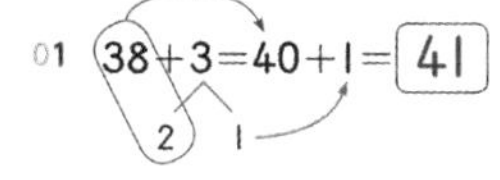

02 55+6=60+1=61 (6 → 5, 1)

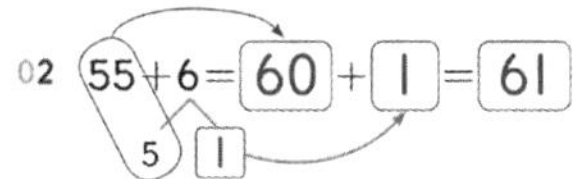

03 89+4=90+3=93 (4 → 1, 3)

04 45+7=50+2=52 (7 → 5, 2)

05 27+9= 36 (9 → 3, 6)

06 69+4= 73 (4 → 1, 3)

07 76+9= 85 (9 → 4, 5)

08 25+8= 33 (8 → 5, 3)

09 48+4= 52 (4 → 2, 2)

10 56+7= 63 (7 → 4, 3)

11 15+6= 21 (6 → 5, 1)

12 35+9= 44 (9 → 5, 4)

13 17+7= 24 (7 → 3, 4)

14 12+9= 21 (9 → 8, 1)

15 36+5= 41 (5 → 4, 1)

16 75+7= 82 (7 → 5, 2)

17 67+6= 73 (6 → 3, 3)

18 26+8= 34 (8 → 4, 4)

19 44+9= 53 (9 → 6, 3)

20 59+9= 68 (9 → 1, 8)

21 77+9= 86 (9 → 3, 6)

22 88+9= 97 (9 → 2, 7)

23 16+6= 22 (6 → 4, 2)

24 36+8= 44 (8 → 4, 4)

25 78+6= 84 (6 → 2, 4)

26 45+6= 51 (6 → 5, 1)

27 38+6= 44 (6 → 2, 4)

28 55+8= 63 (8 → 5, 3)

29 63+8= 71 (8 → 7, 1)

30 27+5= 32 (5 → 3, 2)

p.019

받아올림이 한 번 있는 (두 자리 수)+(두 자리 수)

원리가 쏙쏙 | 적용이 척척 | 풀이가 술술 | 실력이 쑥쑥

받아올림이 있는 자리에 맞게 덧셈을 해 보세요.

	1	
	2	4
+	1	9
	4	3

4+9=13

	4	5
+	7	2
1	1	7

5+2=7, 4+7=11

01 17+38 계산하기

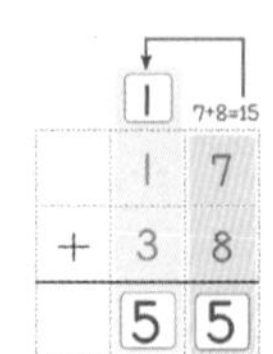

	1	
	1	7
+	3	8
	5	5

7+8=15

02 26+36 계산하기

	1	
	2	6
+	3	6
	6	2

03 21+86 계산하기

	2	1
+	8	6
1	0	7

1+6, 2+8=10

04 41+72 계산하기

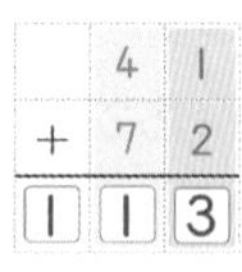

	4	1
+	7	2
1	1	3

p.020~021

원리가 쏙쏙 | 적용이 척척 | 풀이가 술술 | 실력이 쑥쑥

세로셈으로 덧셈하기 1
일의 자리에서 받아올림이 있는 (몇십몇)+(몇십몇)을 세로셈으로 해 보세요.

	1	
	1	2
+	1	9
	3	1

2+9=11, 1+1+1=3

01 (1) 34+39=73

02 (1) 15+48=63

03 (1) 57+26=83

04 (1) 26+48=74

05 (1) 17+78=95

06 (1) 28+24=52

07 (1) 44+48=92

08 (1) 57+14=71

09 (1) 67+17=84

세로셈으로 덧셈하기 2
십의 자리에서 받아올림이 있는 (몇십몇)+(몇십몇)을 세로셈으로 해 보세요.

	1	2
+	9	2
1	0	4

2+2=4, 1+9=10

01 23+94=117

02 17+91=108

03 53+73=126

04 64+75=139

05 74+73=147

06 93+14=107

07 31+98=129

08 83+34=117

09 47+91=138

p.022~023

원리가 쏙쏙 | 적용이 척척 | **풀이가 술술** | 실력이 쑥쑥

받아올림이 한 번 있는 (두 자리 수)+(두 자리 수)를 가로셈으로 해 보세요.
가로셈은 세로셈으로 바꾸어 계산해도 돼요.

01 36+57= 93

02 53+73=126 03 47+13= 60

04 17+45= 62 05 54+54= 108 06 62+72=134

07 73+82= 155 08 29+49= 78 09 95+93=188

10 53+76= 129 11 16+66= 82 12 57+91= 148

13 65+92= 157 14 48+39= 87 15 24+28= 52

16 62+61= 123 17 38+55= 93 18 74+95= 169

19 28+29= 57 20 55+81= 136 21 58+22= 80

22 67+28= 95 23 39+53= 92 24 42+75= 117

25 55+72= 127 26 78+19= 97 27 44+36= 80

28 63+95= 158 29 24+37= 61 30 77+91= 168

31 37+34= 71 32 91+98= 189 33 26+68= 94

34 46+26= 72 35 39+47= 86

36 64+83= 147

p.024~025

원리가 쏙쏙 | 적용이 척척 | 풀이가 술술 | **실력이 쑥쑥**

세로셈과 가로셈
받아올림이 한 번 있는 (두 자리 수)+(두 자리 수)를 세로셈과 가로셈으로 해 보세요.

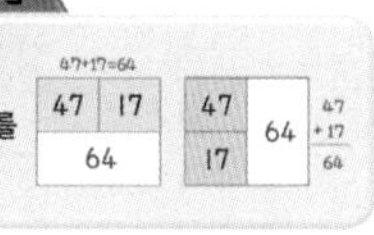

01
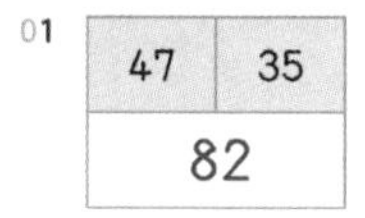

47	35
82	

02
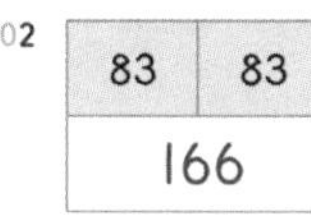

83	83
166	

03
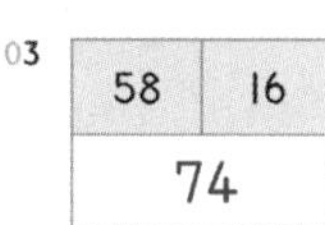

58	16
74	

04
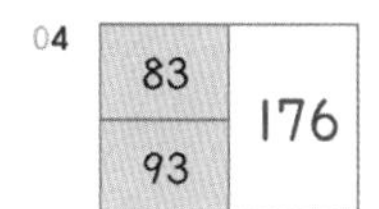

83	176
93	

05
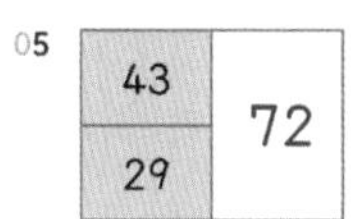

43	72
29	

06
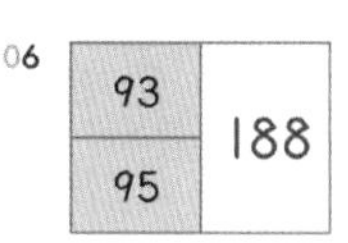

93	188
95	

07
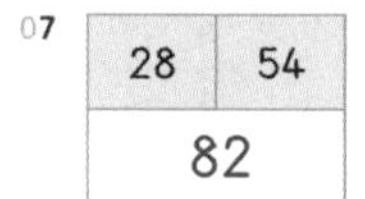

28	54
82	

08
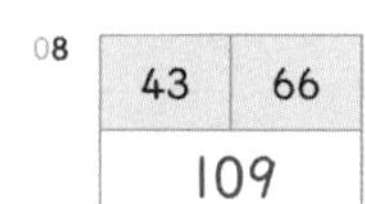

43	66
109	

09
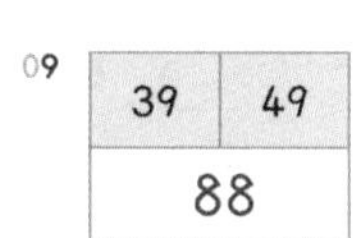

39	49
88	

10
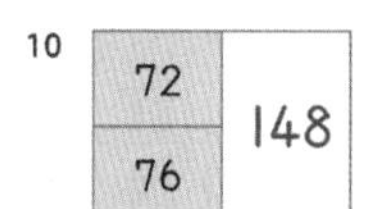

72	148
76	

11
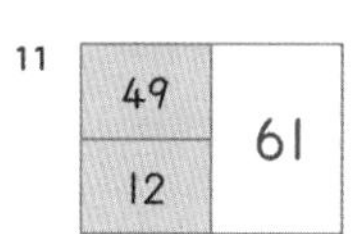

49	61
12	

12
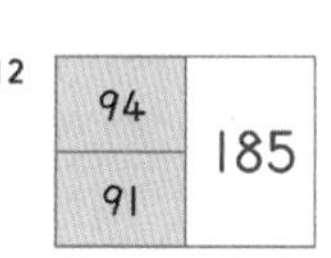

94	185
91	

13

14	29
43	

14

55	51
106	

15

77	16
93	

16

72	164
92	

17

69	93
24	

18

51	148
97	

19

57	19
76	

20

45	82
127	

21

75	54
129	

22

91	138
47	

23

36	95
59	

24

73	167
94	

25

28	69
97	

26

82	96
178	

27

38	56
94	

p.027

받아올림이 두 번 있는 (두 자리 수)+(두 자리 수)

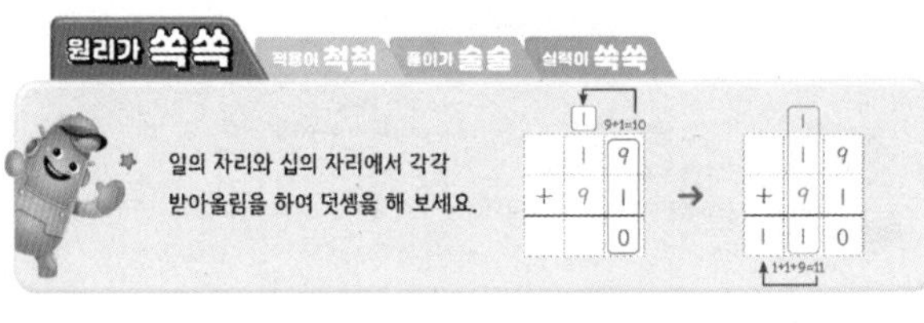

일의 자리와 십의 자리에서 각각 받아올림을 하여 덧셈을 해 보세요.

$19 + 91 = 110$ (9+1=10, 1+1+9=11)

01 25+75 계산하기

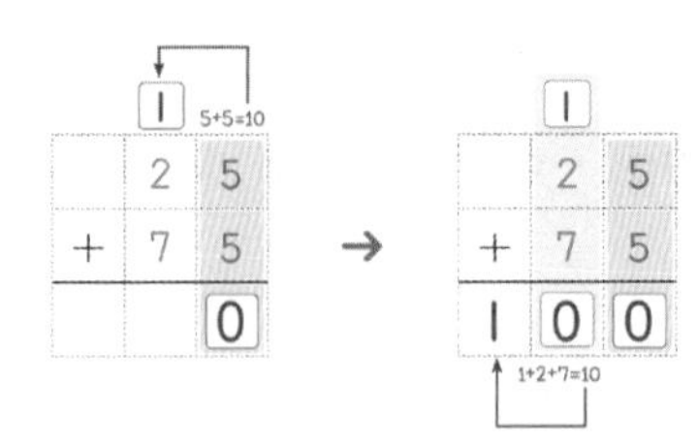

$25 + 75 = 100$ (5+5=10, 1+2+7=10)

02 39+64 계산하기

$39 + 64 = 103$

03 46+86 계산하기

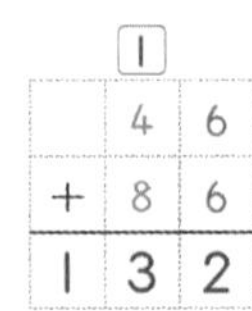

$46 + 86 = 132$

p.028~029

세로셈으로 덧셈하기

일의 자리와 십의 자리에서 받아올림이 있는 (두 자리 수)+(두 자리 수)를 세로셈으로 해 보세요.

$54 + 66 = 120$ (4+6=10, 1+5+6=12)

01 $46 + 56 = 102$

02 $57 + 84 = 141$

03 $53 + 79 = 132$

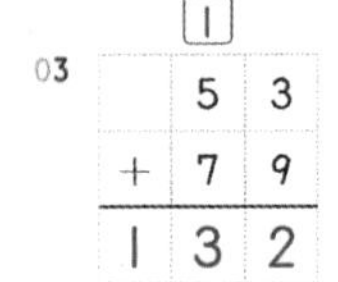

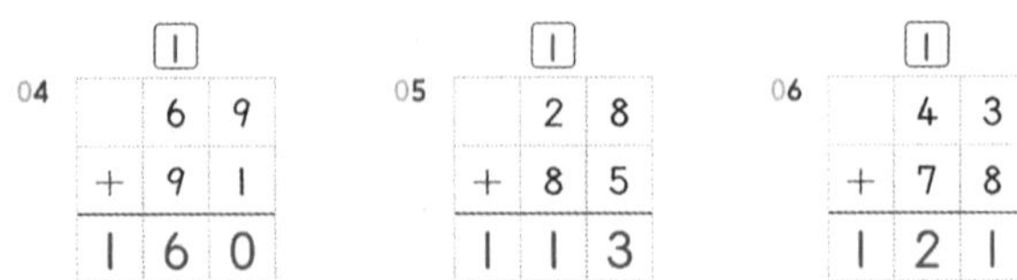

04 $69 + 91 = 160$

05 $28 + 85 = 113$

06 $43 + 78 = 121$

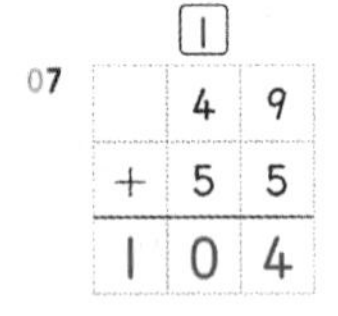

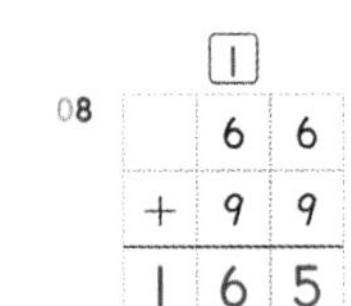

07 $49 + 55 = 104$

08 $66 + 99 = 165$

09 $48 + 83 = 131$

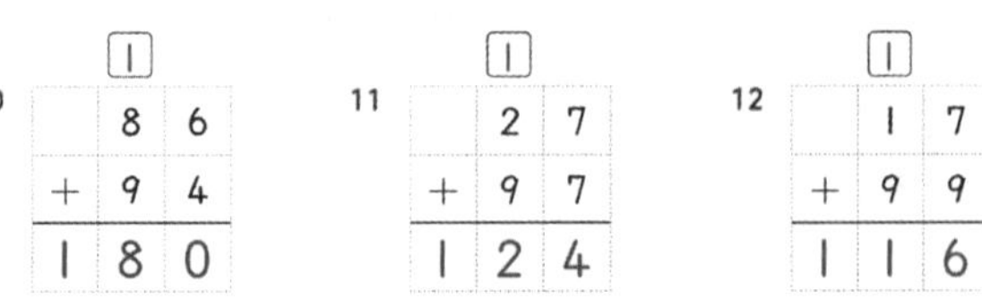

10 $86 + 94 = 180$

11 $27 + 97 = 124$

12 $17 + 99 = 116$

13 $16 + 87 = 103$

14 $36 + 76 = 112$

15 $79 + 89 = 168$

16 $47 + 68 = 115$

17 $57 + 79 = 136$

18 $67 + 75 = 142$

19 $87 + 89 = 176$

20 $37 + 97 = 134$

21 $59 + 89 = 148$

p.030~031

받아올림이 두 번 있는 (두 자리 수)+(두 자리 수)를 가로셈으로 해 보세요.

01 55+56= 111

02 63+87= 150 03 76+96= 172

04 99+34= 133 05 48+72= 120 06 57+78= 135

07 72+89= 161 08 55+66= 121 09 55+46= 101

10 86+37= 123 11 43+59= 102 12 57+94= 151

13 65+98= 163 14 14+98= 112 15 79+71= 150

16 17+94= 111 17 88+17= 105 18 29+91= 120

19 78+27= 105 20 89+87= 176 21 85+67= 152

22 79+66= 145 23 77+74= 151 24 89+99= 188

25 95+99= 194 26 89+64= 153 27 68+53= 121

28 79+88= 167 29 56+44= 100 30 78+85= 163

31 35+88= 123 32 79+29= 108 33 97+94= 191

34 55+76= 131 35 93+67= 160

36 68+64= 132

p.032~033

원리가 쑥쑥 적용이 척척 풀이가 술술 **실력이 쑥쑥**

가로셈과 세로셈

받아올림이 두 번 있는 (두 자리 수)+(두 자리 수)를 가로셈과 세로셈으로 해 보세요.

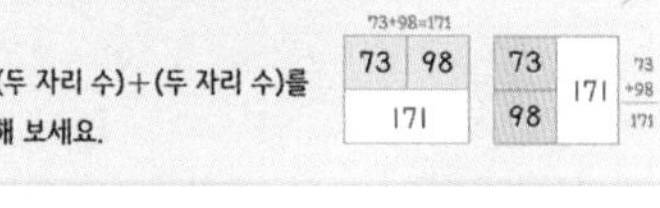

01
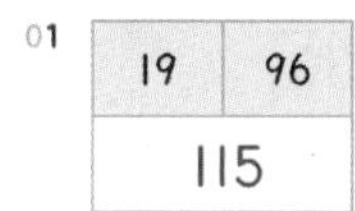
19 96
115

02
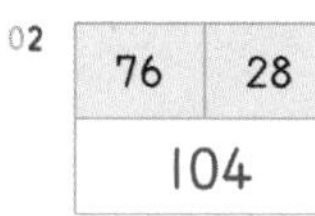
76 28
104

03
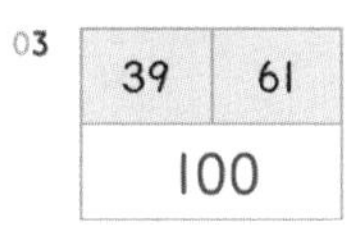
39 61
100

04
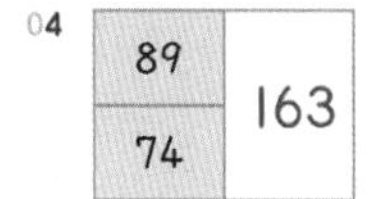
89 74
163

05
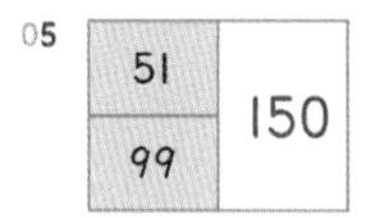
51 99
150

06
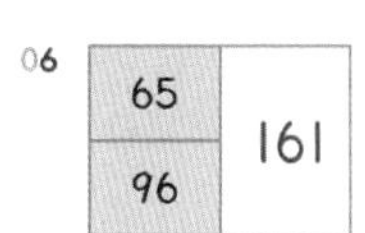
65 96
161

07
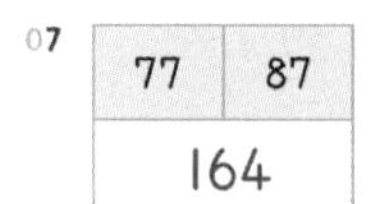
77 87
164

08
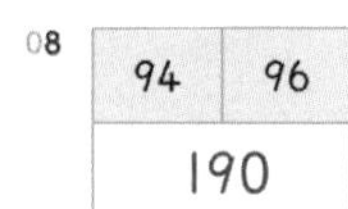
94 96
190

09
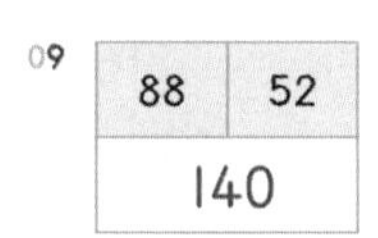
88 52
140

10
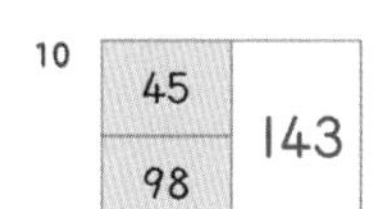
45 98
143

11
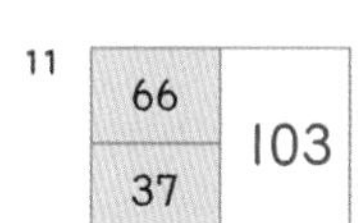
66 37
103

12
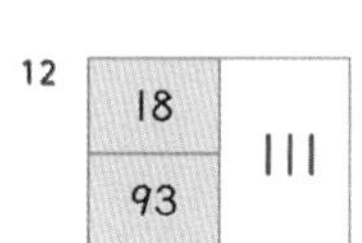
18 93
111

13 38 95 / 133

14 35 77 / 112

15 79 46 / 125

16 58 74 / 132

17 57 59 / 116

18 55 48 / 103

19 64 76 / 140

20 78 83 / 161

21 98 97 / 195

22 54 47 / 101

23 49 96 / 145

24 89 35 / 124

25 47 88 / 135

26 98 57 / 155

27 38 68 / 106

여러 가지 방법의 덧셈

수를 가르기 하여 더하기를 해요.

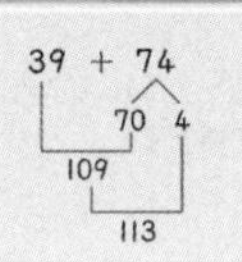

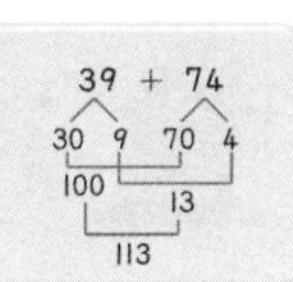

01 35+98 계산하기

35 + 98: 90, 8 → 125 → 133

02 47+64 계산하기

47 + 64: 60, 4 → 107 → 111

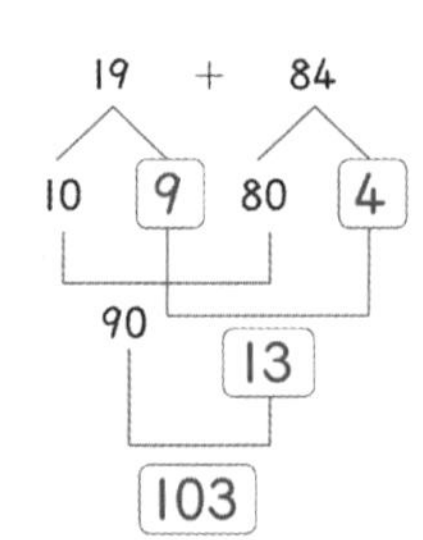

03 19+84 계산하기

19 + 84: 10, 9, 80, 4 → 90, 13 → 103

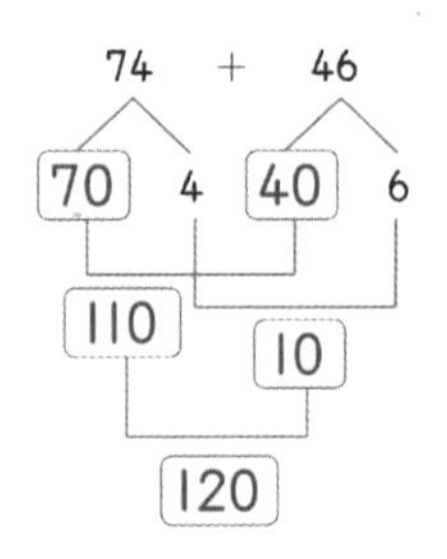

04 74+46 계산하기

74 + 46: 70, 4, 40, 6 → 110, 10 → 120

가르기를 이용하여 받아올림이 두 번 있는 덧셈을 해 보세요.

01 15 + 89 → 95 → 104

02 27 + 84 → 107 → 111

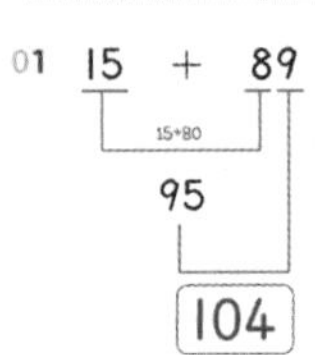

03 37 + 75 → 107 → 112

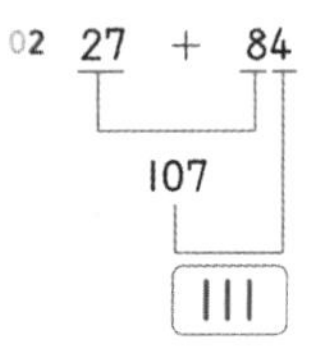

04 44 + 76 → 114 → 120

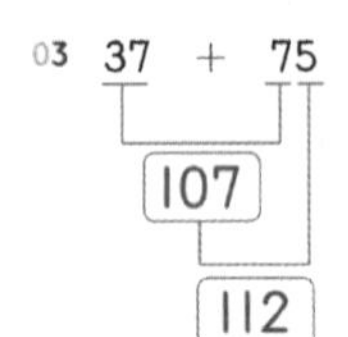

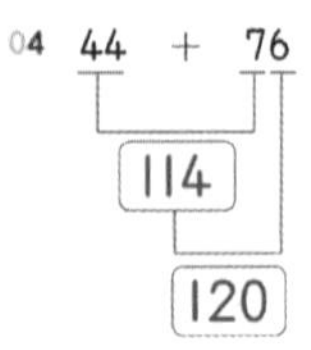

05 56 + 87 → 136 → 143

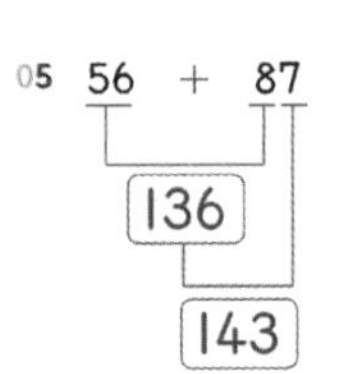

06 53 + 49 → 93 → 102

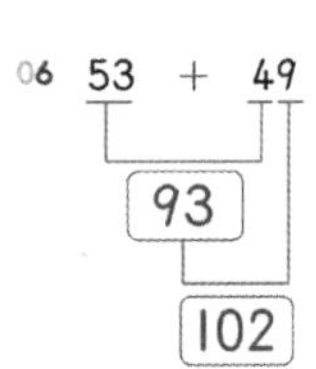

07 75 + 99 → 160, 14 → 174

08 64 + 66 → 120, 10 → 130

09 52 + 58 → 100, 10 → 110

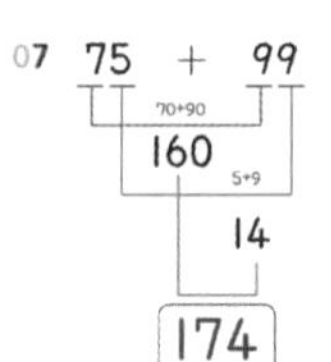

10 49 + 73 → 110, 12 → 122

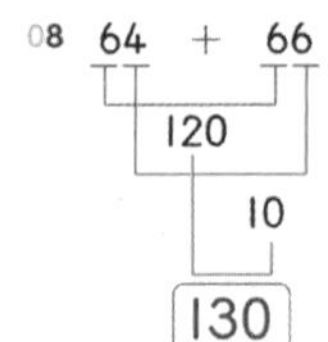

11 37 + 69 → 90, 16 → 106

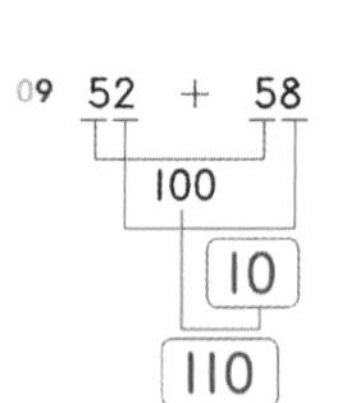

12 78 + 39 → 100, 17 → 117

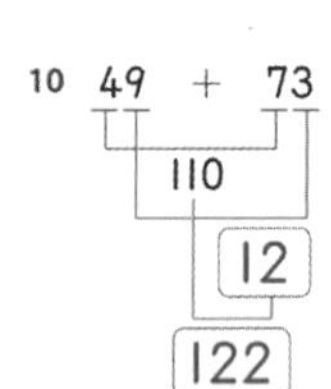

13 26 + 89 → 100, 15 → 115

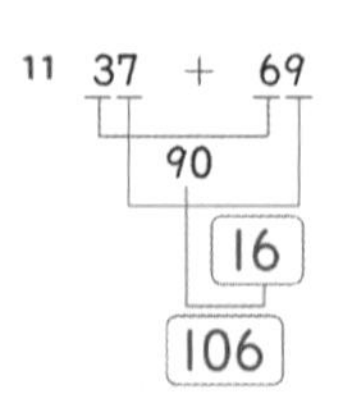

14 57 + 97 → 140, 14 → 154

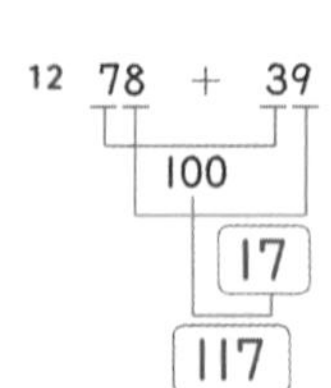

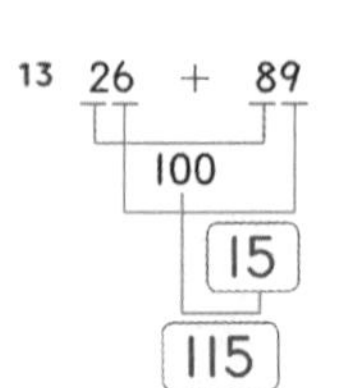

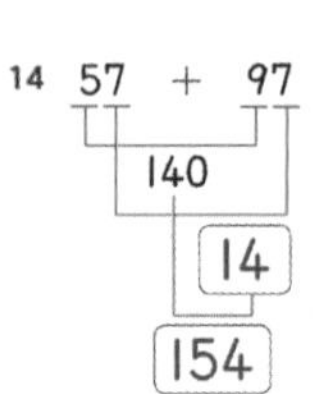

p.038~039

원리가 쏙쏙 | 적용이 척척 | **풀이가 술술** | 실력이 쑥쑥

가로셈으로 가르기를 이용한 덧셈을 해 보세요.

01 $56 + 78$
$= 56 + 70 + \boxed{8}$
$= 126 + \boxed{8}$
$= \boxed{134}$

02 $88 + 63$
$= 88 + 60 + \boxed{3}$
$= 148 + \boxed{3}$
$= \boxed{151}$

03 $76 + 94$
$= 76 + 90 + \boxed{4}$
$= \boxed{166} + \boxed{4}$
$= \boxed{170}$

04 $89 + 85$
$= 89 + 80 + \boxed{5}$
$= \boxed{169} + \boxed{5}$
$= \boxed{174}$

05 $47 + 59$
$= 47 + 50 + \boxed{9}$
$= \boxed{97} + \boxed{9}$
$= \boxed{106}$

06 $73 + 38$
$= 73 + 30 + \boxed{8}$
$= \boxed{103} + \boxed{8}$
$= \boxed{111}$

07 $57 + 66$
$= \boxed{50} + 7 + 60 + 6$
$= \boxed{110} + 13$
$= \boxed{123}$

08 $67 + 97$
$= \boxed{60} + 7 + 90 + 7$
$= \boxed{150} + 14$
$= \boxed{164}$

09 $61 + 69$
$= \boxed{60} + 1 + \boxed{60} + 9$
$= \boxed{120} + 10$
$= \boxed{130}$

10 $76 + 78$
$= \boxed{70} + 6 + \boxed{70} + 8$
$= \boxed{140} + 14$
$= \boxed{154}$

11 $85 + 87$
$= \boxed{80} + 5 + \boxed{80} + 7$
$= \boxed{160} + 12$
$= \boxed{172}$

12 $66 + 77$
$= \boxed{60} + 6 + \boxed{70} + 7$
$= \boxed{130} + 13$
$= \boxed{143}$

13 $99 + 13$
$= \boxed{90} + 9 + \boxed{10} + 3$
$= \boxed{100} + 12$
$= \boxed{112}$

14 $88 + 47$
$= \boxed{80} + 8 + \boxed{40} + 7$
$= \boxed{120} + 15$
$= \boxed{135}$

p.040~041

원리가 쏙쏙 | 적용이 척척 | 풀이가 술술 | **실력이 쑥쑥**

주어진 블록에 맞게 가르기를 하여 덧셈을 해 보세요.

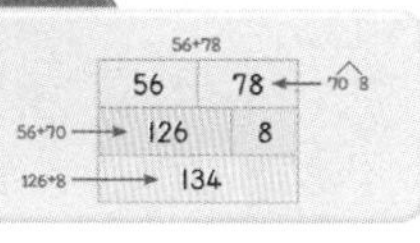

01
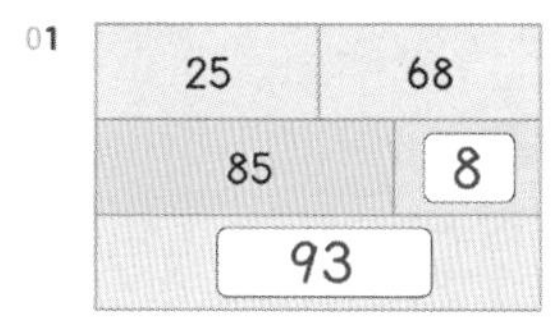

25	68
85	8
93	

02
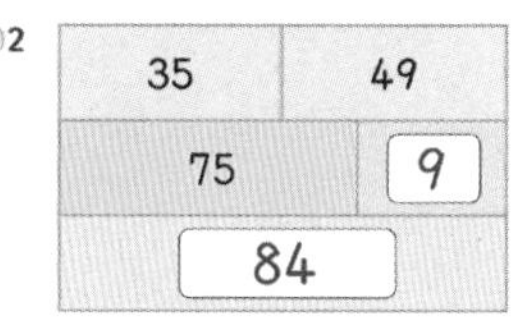

35	49
75	9
84	

03
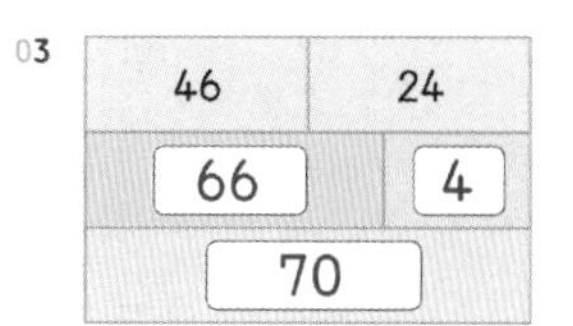

46	24
66	4
70	

04

79	53
129	3
132	

05

84	67
144	7
151	

06
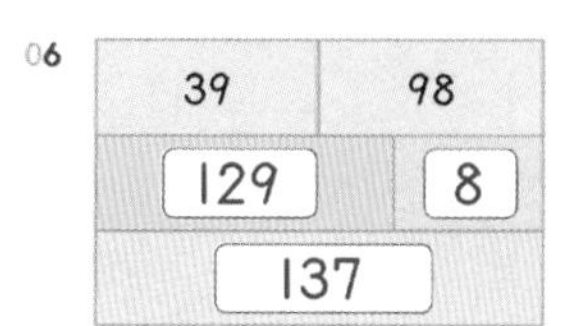

39	98
129	8
137	

주어진 블록에 맞게 가르기를 하여 덧셈을 해 보세요.

61+69
60 1 → 61 | 69 ← 60 9
60+60 → 120 | 10 ← 1+9
120+10 → 130

01
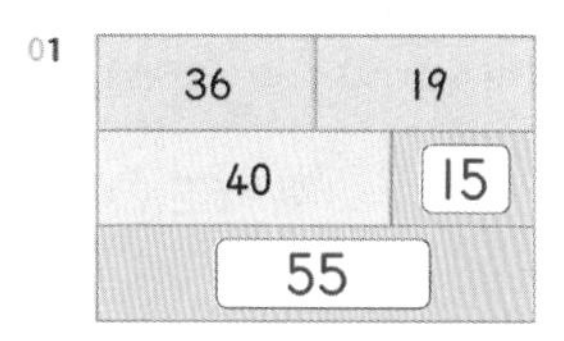

36	19
40	15
55	

02
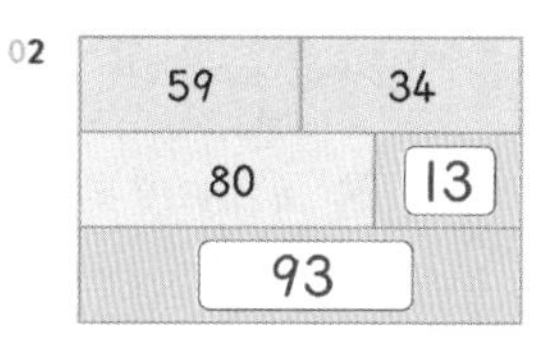

59	34
80	13
93	

03
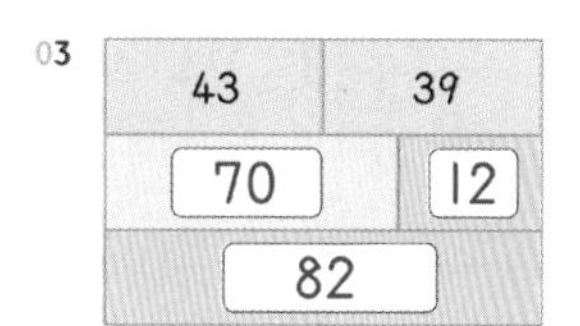

43	39
70	12
82	

04
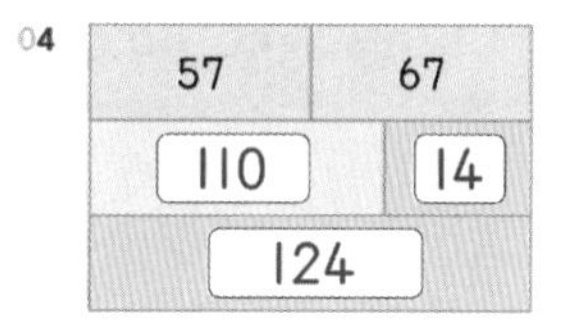

57	67
110	14
124	

05
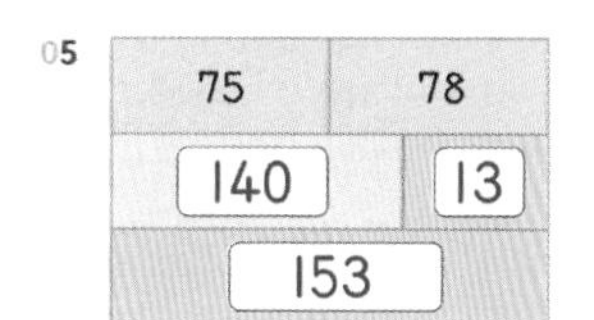

75	78
140	13
153	

06
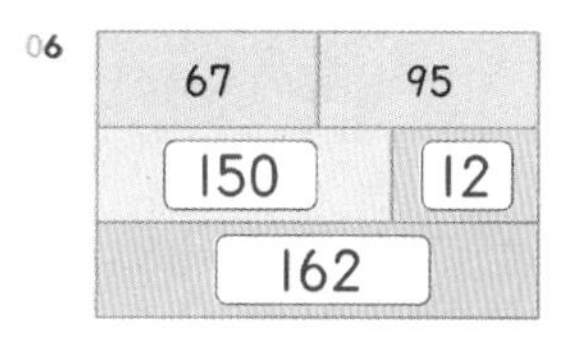

67	95
150	12
162	

p.042~043

1~4 연산의 활용

1에서 배운 연산으로 해결해 봐요!

▶ 덧셈을 이용하여 가장 큰 수와 가장 작은 수를 만들어요
주어진 수 카드를 한 번씩 사용하여 만들 수 있는 두 자리 수 덧셈식의 결과가 가장 클 때와 가장 작을 때를 각각 구해 보세요.

01

2 8
7 5
가장 큰 수
85 + 72 = 157
또는 82 + 75
가장 작은 수
28 + 57 = 85
또는 27 + 58

02

3 0
6 9
가장 큰 수
93 + 60 = 153
또는 90 + 63
가장 작은 수
39 + 60 = 99
또는 30 + 69

03

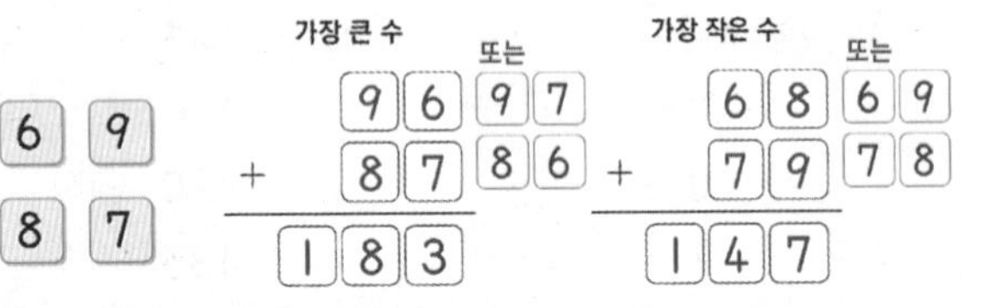

6 9
8 7
가장 큰 수
96 + 87 = 183
또는 97 + 86
가장 작은 수
68 + 79 = 147
또는 69 + 78

▶ 규칙에 맞게 계산해 봐요
오른쪽 규칙에 따라 덧셈을 해 보세요.

3, 5, 8 ➡ 35+58
2, 8, 4 ➡ 28+48

01 1, 4, 7 + 2, 0, 5 = 131

02 2, 1, 4 + 5, 3, 3 = 121

03 6, 2, 5 + 1, 6, 3 = 139

04 1, 2, 9 + 4, 8, 2 = 117

p.044

▶ 문장의 뜻을 이해하며 식을 세워 봐요
이야기 속에 주어진 조건을 생각하며 덧셈식을 세우고 답을 구해 보세요.

01 예성이의 아버지의 나이는 43살입니다. 19년 후에 아버지의 나이는 몇 살입니까?

식 $43+19=62$ 답 62 살

02 강당에 의자가 85개 놓여 있습니다. 의자가 부족하여 29개를 더 놓았을 때, 의자는 모두 몇 개입니까?

식 $85+29=114$ 답 114 개

03 희주가 모은 캐릭터 카드는 모두 35장이고, 현선이가 모은 캐릭터 카드는 희주의 카드보다 3장이 더 많을 때, 희주와 현선이의 카드는 모두 몇 장입니까?

식 $35+38=73$ 답 73 장

04 어떤 기차의 칸에 87명이 타고 있습니다. 이번 역에서 36명이 더 탔을 때, 이 칸에 타고 있는 사람은 모두 몇 명입니까?

식 $87+36=123$ 답 123 명

받아내림이 있는 (두 자리 수)−(한 자리 수)

십의 자리에서 받아내려
순서에 맞게 뺄셈을 해 보세요.

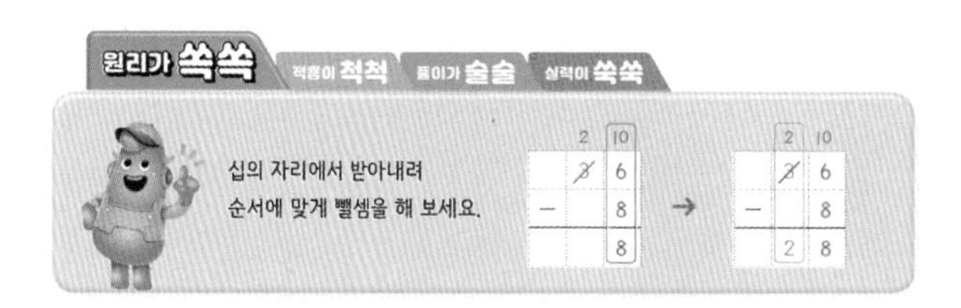

53−4 계산하기

01

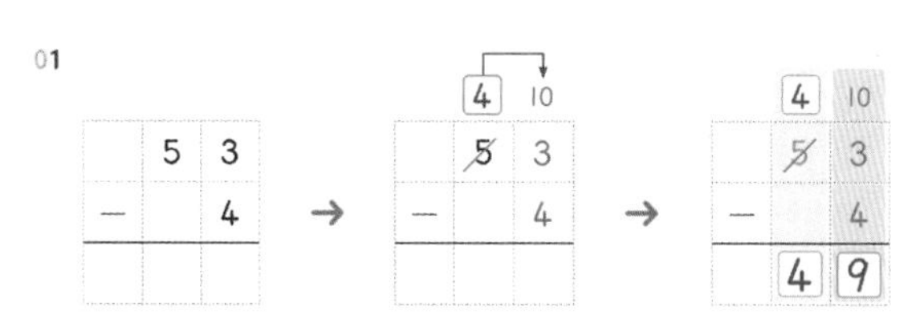

41−2 계산하기

02

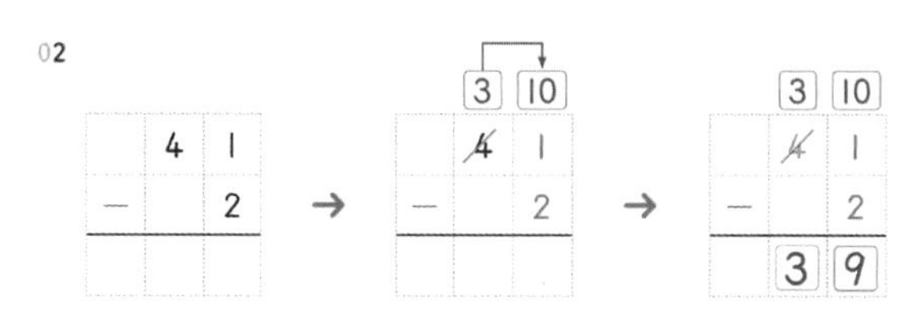

세로셈으로 뺄셈하기
받아내림이 있는 (몇십몇)−(몇)을
세로셈으로 해 보세요.

01	41 − 5 (3, 10)	36
02	31 − 3 (2, 10)	28
03	66 − 9 (5, 10)	57
04	50 − 4 (4, 10)	46
05	62 − 8 (5, 10)	54
06	83 − 6 (7, 10)	77
07	21 − 8 (1, 10)	13
08	92 − 5 (8, 10)	87
09	46 − 9 (3, 10)	37
10	62 − 4	58
11	96 − 7	89
12	31 − 6	25
13	74 − 7	67
14	27 − 8	19
15	64 − 5	59
16	81 − 3	78
17	43 − 6	37
18	88 − 9	79
19	93 − 9	84
20	55 − 6	49
21	71 − 5	66

p.052~053

받아내림이 있는 (몇십몇)−(몇)을 가로셈으로 해 보세요.

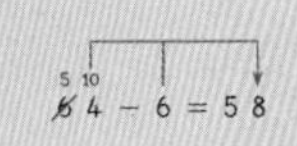

01 4̸3−8= 35 (3 10)

02 72−3= 69　03 22−6= 16

04 43−4= 39　05 20−3= 17　06 34−5= 29

07 71−6= 65　08 56−8= 48　09 81−8= 73

10 42−7= 35　11 76−9= 67　12 23−7= 16

13 51−5= 46　14 81−4= 77　15 42−9= 33

16 94−6= 88　17 42−3= 39　18 61−7= 54

19 54−7= 47　20 66−7= 59　21 84−8= 76

22 90−2= 88　23 32−7= 25　24 53−9= 44

25 71−4= 67　26 92−3= 89　27 32−4= 28

28 82−8= 74　29 62−4= 58　30 92−8= 84

31 73−8= 65　32 93−7= 86　33 51−7= 44

34 85−9= 76　35 58−9= 49

36 53−5= 48

p.054~055

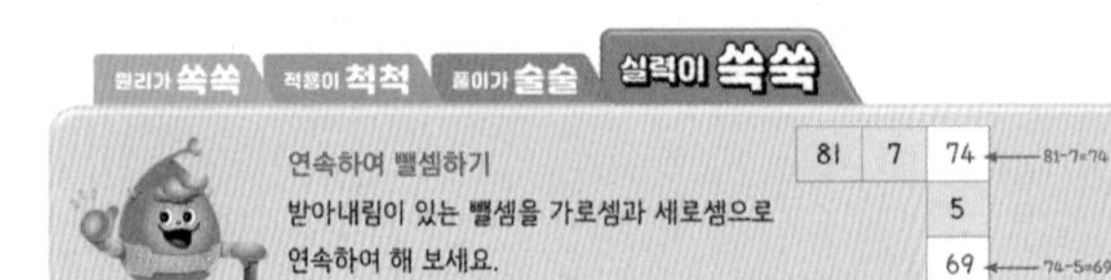

원리가 쑥쑥
적용이 척척
풀이가 술술
실력이 쑥쑥
연속하여 뺄셈하기
받아내림이 있는 뺄셈을 가로셈과 세로셈으로 연속하여 해 보세요.
81 7 74
81−7=74
5
69
74−5=69

01
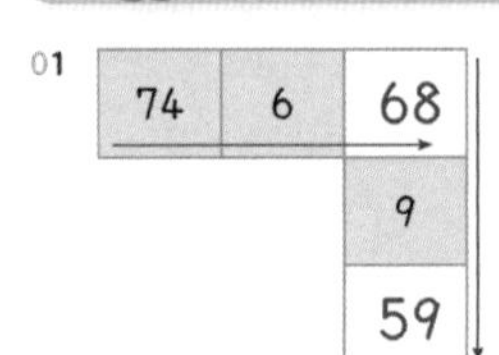

02
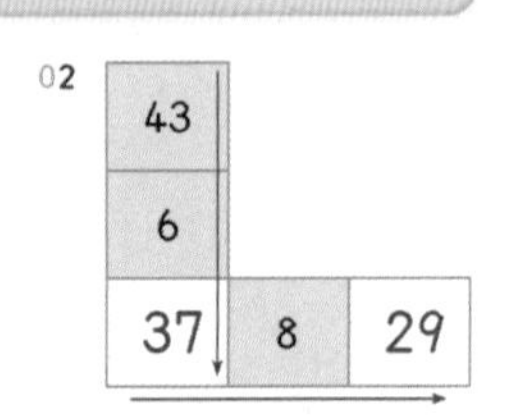

03
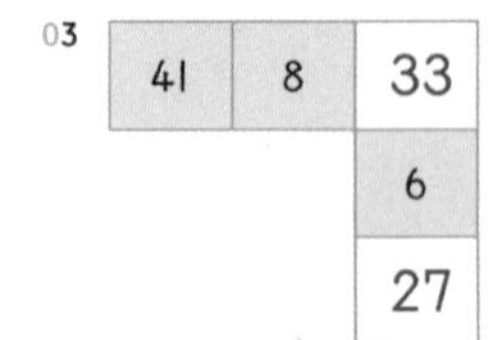

04
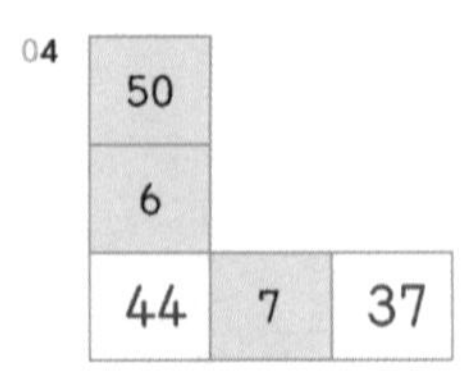

05 60 9 51 / 6 / 45

06 82 / 5 / 77 8 69

07 32 9 23 / 6 / 17

08
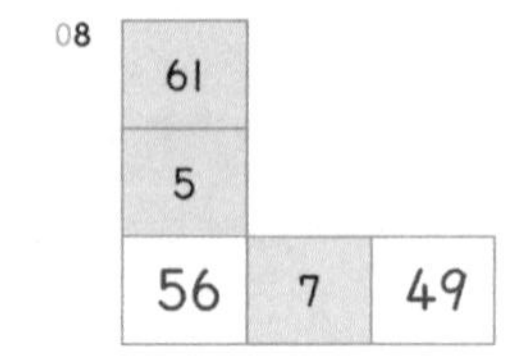

09
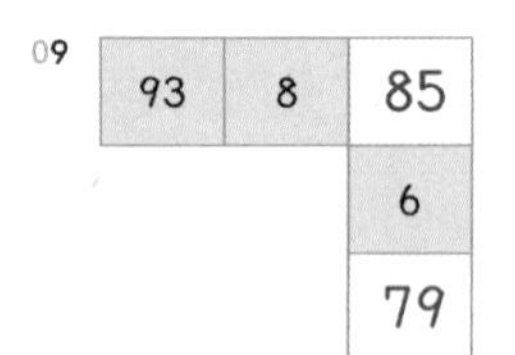

10 73 / 7 / 66 8 58

11
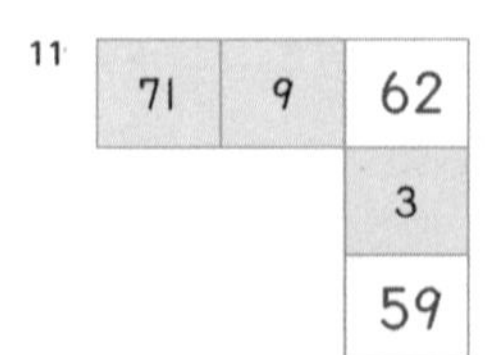

12 52 / 8 / 44 5 39

13
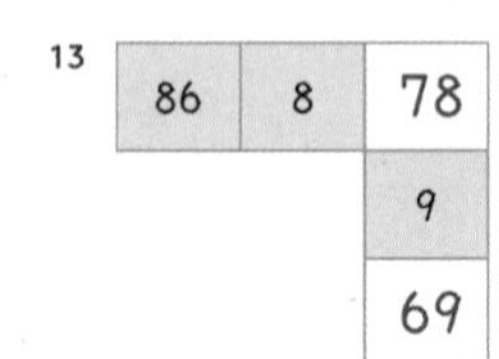

14 91 / 7 / 84 5 79

받아내림이 있는 (두 자리 수)−(두 자리 수) 1

p.057

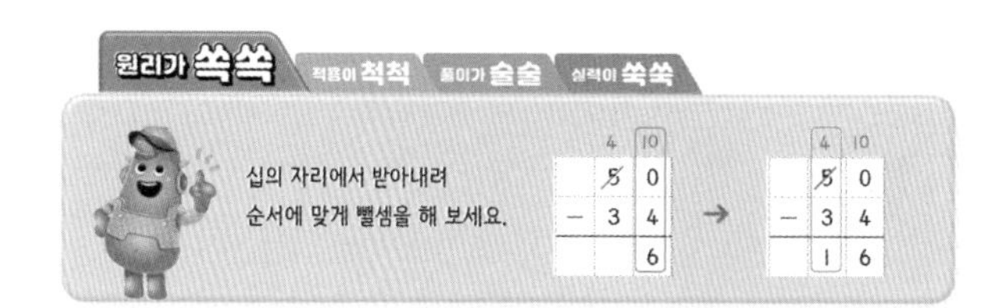

50−17 계산하기

01 50 − 17 → (4, 10) 3 → 33

70−32 계산하기

02 70 − 32 → (6, 10) 8 → 38

p.058~059

원리가 쏙쏙 적용이 척척 풀이가 술술 실력이 쑥쑥

세로셈으로 뺄셈하기
받아내림이 있는 (몇십)−(몇십몇)을 세로셈으로 해 보세요.

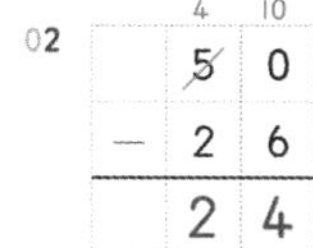

01	40 − 19	21
02	50 − 26	24
03	80 − 34	46
04	70 − 11	59
05	60 − 47	13
06	70 − 62	8
07	80 − 58	22
08	60 − 33	27
09	90 − 53	37
10	50 − 37	13
11	70 − 39	31
12	60 − 35	25
13	80 − 26	54
14	90 − 29	61
15	30 − 24	6
16	30 − 12	18
17	40 − 11	29
18	60 − 26	34
19	90 − 28	62
20	80 − 54	26
21	70 − 21	49

받아내림이 있는 (몇십)−(몇십몇)을 가로셈으로 해 보세요.

$\overset{5\ 10}{\cancel{6}0} - 15 = 45$

01 $\overset{4\ 10}{\cancel{5}0} - 22 = 28$

02 70−55= 15　03 60−57= 3

04 30−16= 14　05 70−27= 43　06 90−36= 54

07 80−46= 34　08 40−15= 25　09 70−22= 48

10 90−31=59　11 80−59= 21　12 90−81= 9

13 60−13= 47　14 50−18= 32　15 60−43= 17

16 50−27= 23　17 80−49= 31　18 60−26= 34

19 70−46= 24　20 90−68= 22　21 50−13= 37

22 90−13= 77　23 30−14= 16　24 60−41= 19

25 80−63= 17　26 60−32= 28　27 40−27= 13

28 70−44= 26　29 70−52 = 18　30 90−56= 34

31 40−21= 19　32 60−33= 27　33 90−25= 65

34 80−24= 56　35 40−29= 11

36 50−21= 29

원리가 쏙쏙　적용이 척척　풀이가 술술　실력이 쑥쑥

연속하여 뺄셈하기

받아내림이 있는 뺄셈을 가로셈과 세로셈으로 연속하여 해 보세요.

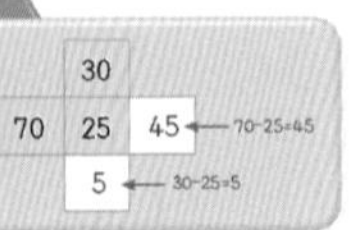

01
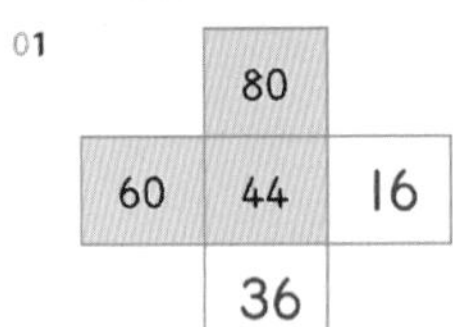

02
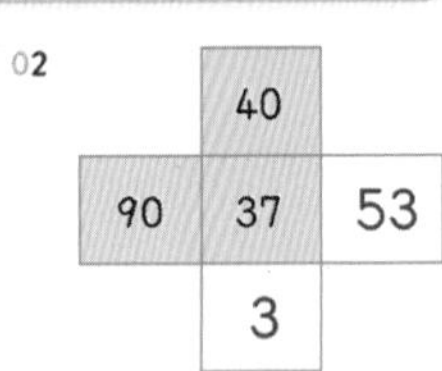

03
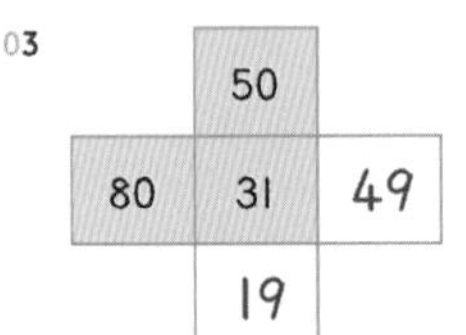

04
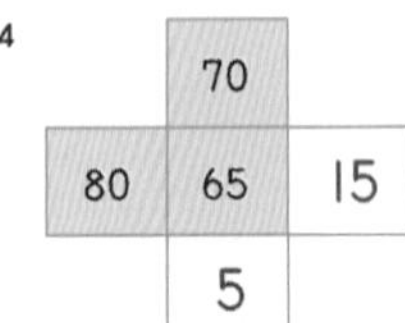

05
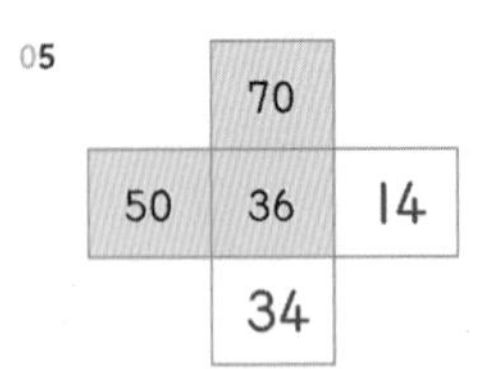

06

40
90 12 78
28

07

70
30 18 12
52

08

60
40 24 16
36

09

60
90 29 61
31

10
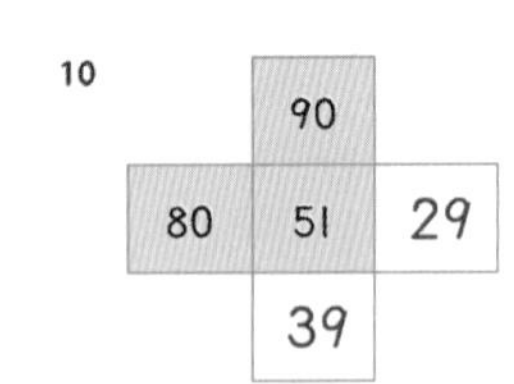

11

40
70 23 47
17

12
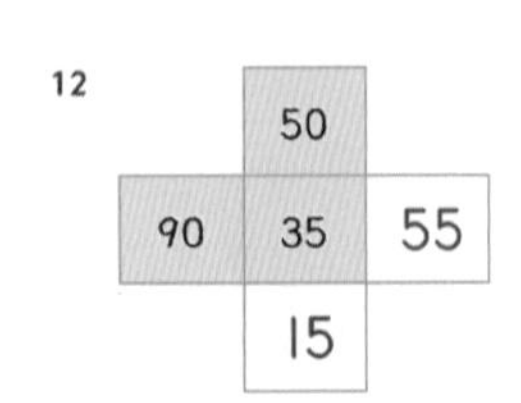

13

50
60 12 48
38

14

90
70 56 14
34

p.065

받아내림이 있는 (두 자리 수)−(두 자리 수) 2

원리가 쏙쏙 | 적용이 척척 | 풀이가 술술 | 실력이 쑥쑥

십의 자리에서 받아내려 순서에 맞게 뺄셈을 해 보세요.

(3 10) 42 − 15 = 7 → (3 10) 42 − 15 = 27

54−28 계산하기

01

54 − 28 → (4 10) 54 − 28 = 6 → (4 10) 54 − 28 = 26

61−13 계산하기

02

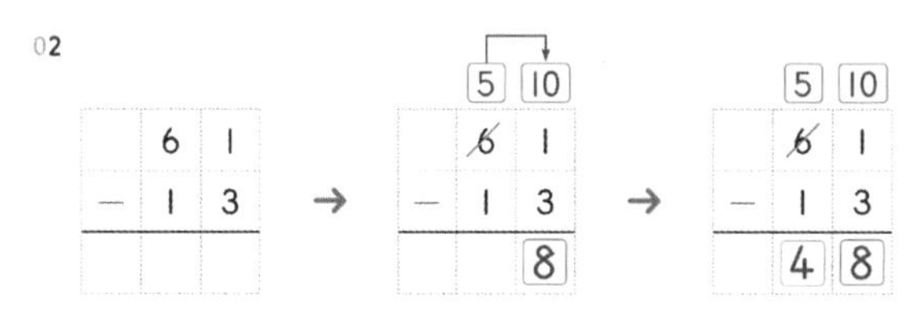

p.066~067

원리가 쏙쏙 | 적용이 척척 | 풀이가 술술 | 실력이 쑥쑥

세로셈으로 뺄셈하기

받아내림이 있는 (몇십몇)−(몇십몇)을 세로셈으로 해 보세요.

(4 10) 56 − 39 = 17 (4−3=1, 10+6−9=7)

번호	받아내림	계산	답
01	1 10	24 − 19	5
02	2 10	31 − 14	17
03	6 10	73 − 27	46
04	8 10	94 − 87	7
05	6 10	72 − 24	48
06	5 10	62 − 49	13
07	4 10	51 − 22	29
08	7 10	85 − 19	66
09	8 10	92 − 58	34

번호	계산	답
10	94 − 79	15
11	62 − 18	44
12	41 − 29	12
13	51 − 37	14
14	54 − 27	27
15	81 − 23	58
16	94 − 55	39
17	72 − 44	28
18	63 − 26	37
19	83 − 15	68
20	94 − 29	65
21	72 − 36	36

p.068~069

받아내림이 있는 (몇십몇)−(몇십몇)을 가로셈으로 해 보세요.

$\overset{6\ 10}{54} - 37 = 17$

01 $\overset{6\ 10}{78} - 49 = 29$

02 $96-48=48$ 03 $42-35=7$

04 $62-23=39$ 05 $42-28=14$ 06 $71-19=52$

07 $63-37=26$ 08 $54-26=28$ 09 $65-47=18$

10 $71-54=17$ 11 $61-46=15$ 12 $84-59=25$

13 $63-19=44$ 14 $92-24=68$ 15 $53-34=19$

16 $72-29=43$ 17 $67-59=8$ 18 $98-69=29$

19 $84-57=27$ 20 $55-19=36$ 21 $71-47=24$

22 $94-15=79$ 23 $81-19=62$ 24 $92-37=55$

25 $42-24=18$ 26 $51-13=38$ 27 $75-38=37$

28 $95-39=56$ 29 $83-38=45$ 30 $98-19=79$

31 $83-29=54$ 32 $52-29=23$ 33 $84-26=58$

34 $63-14=49$ 35 $75-18=57$

36 $90-27=63$

p.070~071

원리가 쑥쑥 적용이 척척 풀이가 술술 **실력이 쑥쑥**

연속하여 뺄셈하기

받아내림이 있는 뺄셈을 가로셈과 세로셈으로 연속하여 해 보세요.

74	35	39 ← 74−35=39
	18	
	17 ← 35−18=17	

01

74	46	28
	19	
	27	

02

75	26	49
	19	
	7	

03

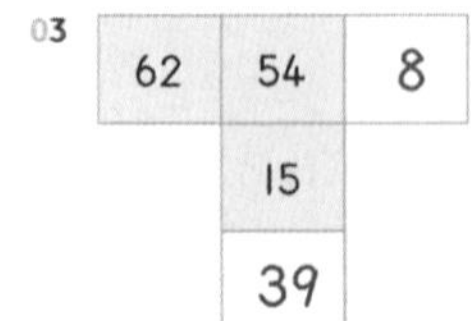

62	54	8
	15	
	39	

04

92	66	26
	57	
	9	

05

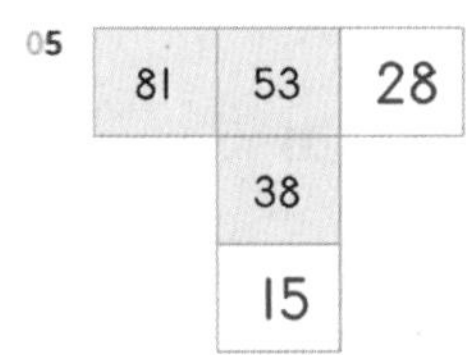

81	53	28
	38	
	15	

06

81	67	14
	38	
	29	

07

85	19	66
59		
26		

08

51	27	24
33		
18		

09

65	29	36
16		
49		

10

74	55	19
68		
6		

11

84	79	5
36		
48		

12

45	28	17
16		
29		

13

72	14	58
47		
25		

14

93	49	44
28		
65		

p.073

8 여러 가지 방법의 뺄셈

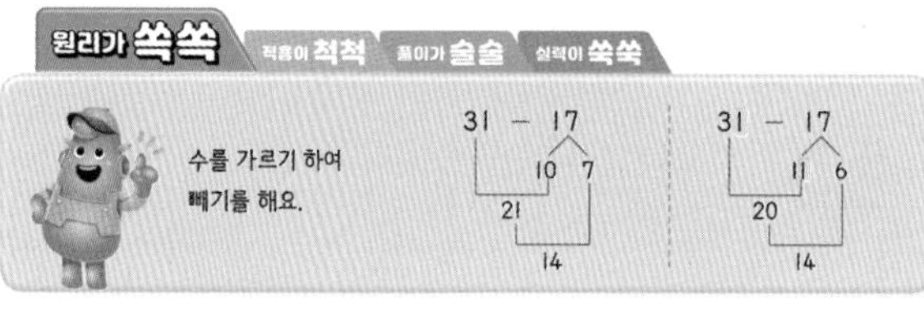

01 45−19 계산하기

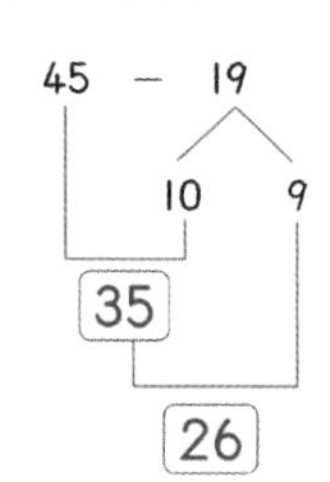

45 − 19 / 10, 9 / 35 / 26

02 57−38 계산하기

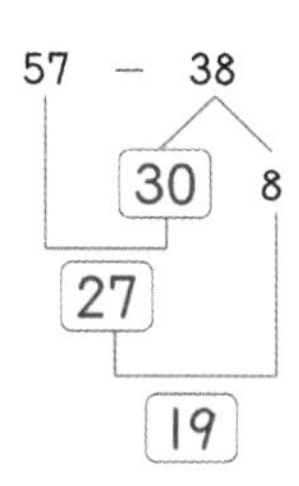

57 − 38 / 30, 8 / 27 / 19

03 36−19 계산하기

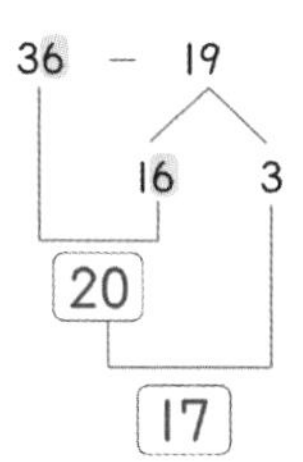

36 − 19 / 16, 3 / 20 / 17

04 63−35 계산하기

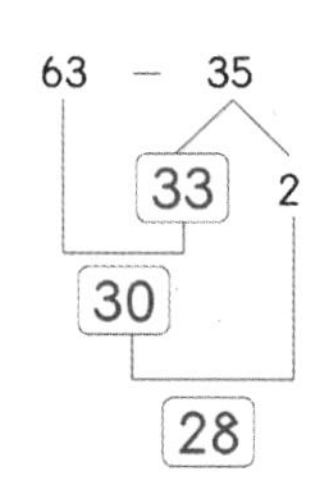

63 − 35 / 33, 2 / 30 / 28

p.074~075

가르기를 이용하여 받아내림이 있는 뺄셈을 해 보세요.

01 84 − 28 / 64 / 56

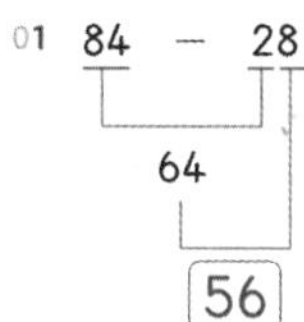

02 62 − 15 / 52 / 47

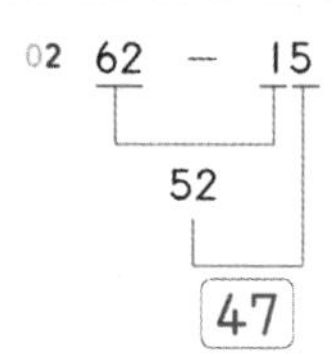

03 44 − 39 / 14 / 5

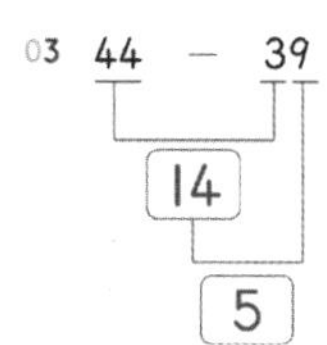

04 51 − 39 / 21 / 12

05 93 − 24 / 73 / 69

06 73 − 15 / 63 / 58

07 53 − 16 / 13, 3 / 40 / 37

08 42 − 17 / 12, 5 / 30 / 25

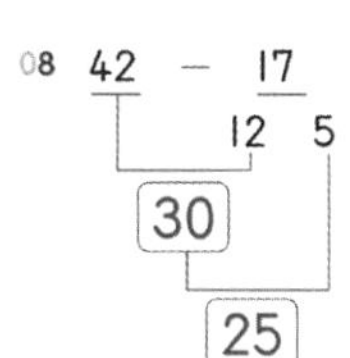

09 61 − 57 / 51, 6 / 10 / 4

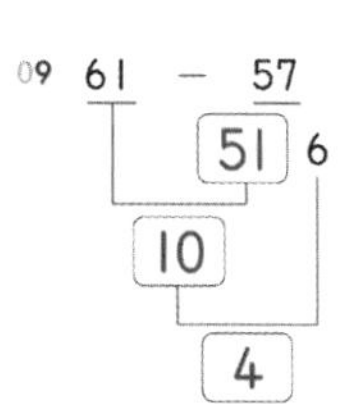

10 97 − 18 / 17, 1 / 80 / 79

11 52 − 14 / 12, 2 / 40 / 38

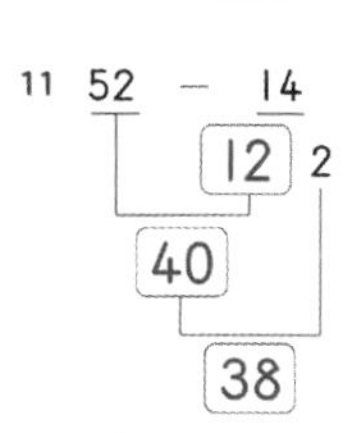

12 74 − 28 / 24, 4 / 50 / 46

13 85 − 49 / 45, 4 / 40 / 36

14 93 − 25 / 23, 2 / 70 / 68

p.076~077

원리가 쏙쏙 | 적용이 척척 | **풀이가 술술** | 실력이 쑥쑥

가로셈으로 가르기를 이용한 뺄셈을 해 보세요.

01 73 − 17 (10, 7)
= 73 − 10 − 7
= 63 − 7
= 56

02 97 − 29
= 97 − 20 − 9
= 77 − 9
= 68

03 51 − 35
= 51 − 30 − 5
= 21 − 5
= 16

04 32 − 13
= 32 − 10 − 3
= 22 − 3
= 19

05 92 − 56
= 92 − 50 − 6
= 42 − 6
= 36

06 83 − 24
= 83 − 20 − 4
= 63 − 4
= 59

07 53 − 26 (23, 3)
= 53 − 23 − 3
= 30 − 3
= 27

08 81 − 37
= 81 − 31 − 6
= 50 − 6
= 44

09 47 − 18
= 47 − 17 − 1
= 30 − 1
= 29

10 95 − 37
= 95 − 35 − 2
= 60 − 2
= 58

11 72 − 33
= 72 − 32 − 1
= 40 − 1
= 39

12 65 − 19
= 65 − 15 − 4
= 50 − 4
= 46

13 51 − 18
= 51 − 11 − 7
= 40 − 7
= 33

14 92 − 16
= 92 − 12 − 4
= 80 − 4
= 76

p.078~079

원리가 쏙쏙 | 적용이 척척 | 풀이가 술술 | **실력이 쑥쑥**

주어진 블록에 맞게 가르기를 하여 뺄셈을 해 보세요.

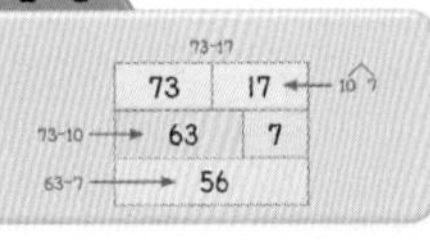

01
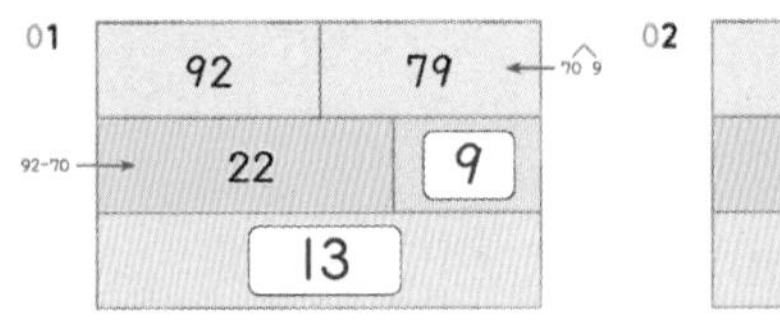

02
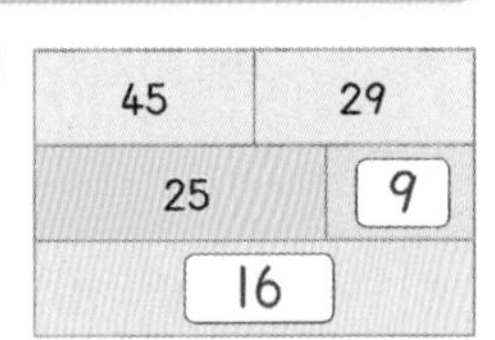

03
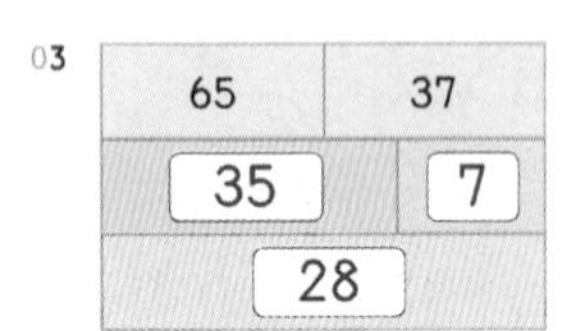

04
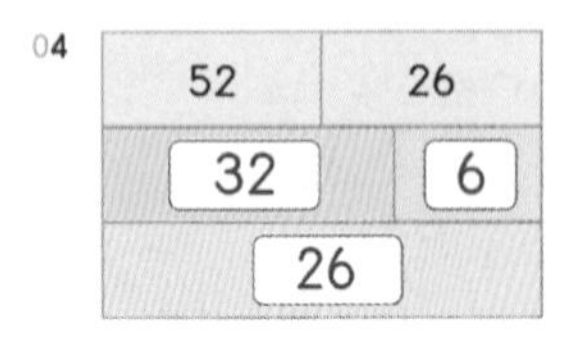

05
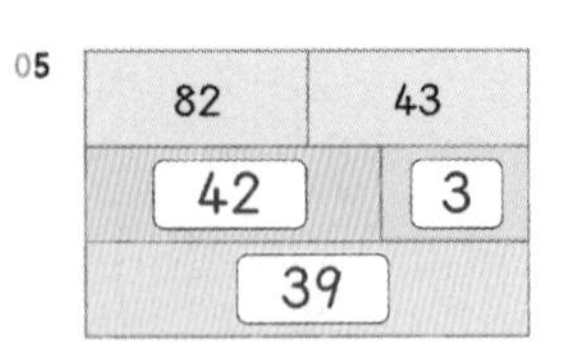

06
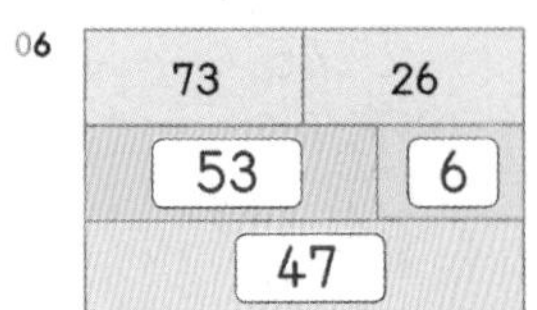

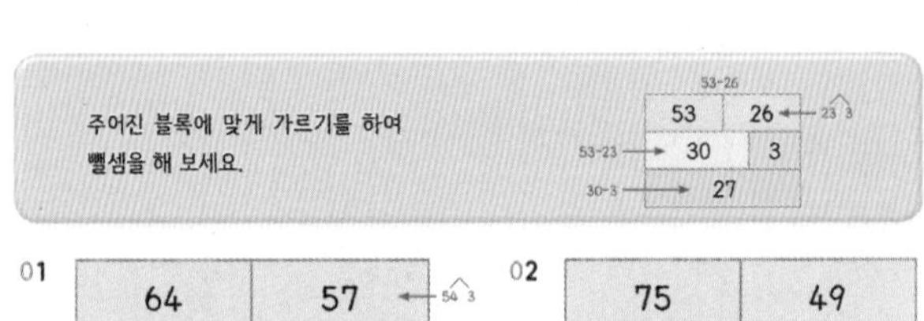

주어진 블록에 맞게 가르기를 하여 뺄셈을 해 보세요.
53-26
53
26
23 3
53-23
30
3
30-3
27

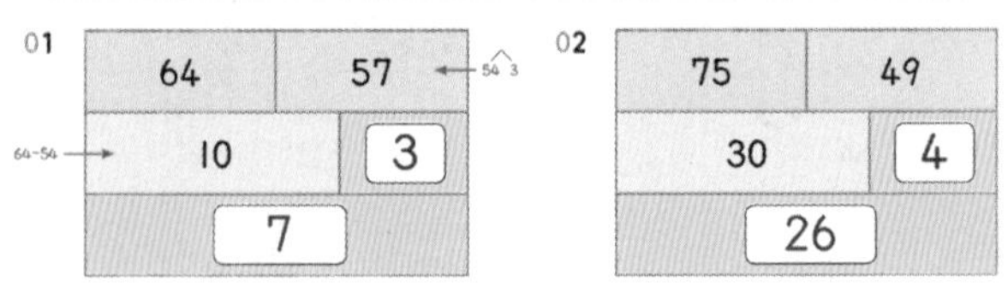

03
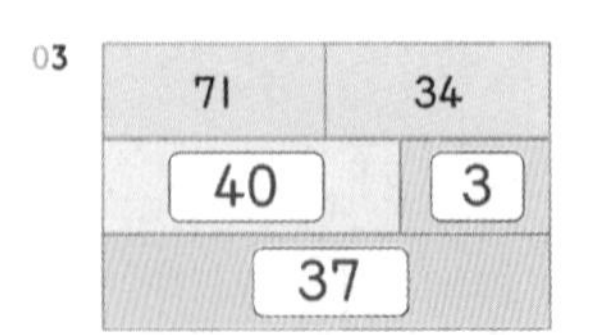

04
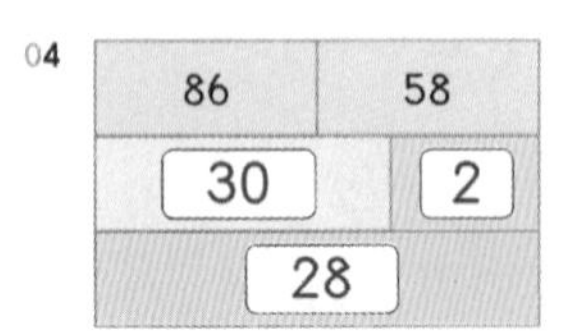

05
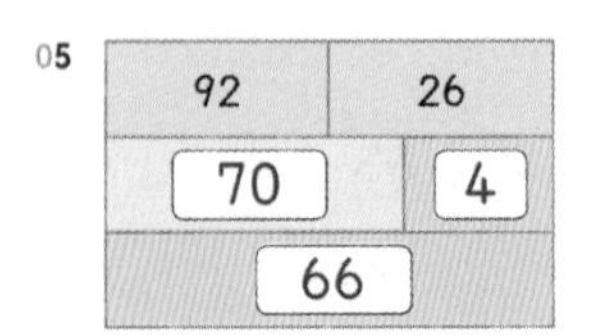

06
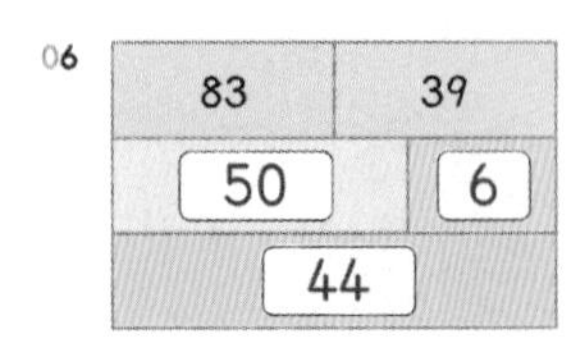

p.080~081

5~8 연산의 활용
2에서 배운 연산으로 해결해 봐요!

▶ 뺄셈을 이용하여 가장 큰 수와 가장 작은 수를 만들어요
주어진 수 카드를 사용하여 만들 수 있는 뺄셈식의 결과가 가장 클 때와 가장 작을 때를 각각 구해 보세요.

01 81 34 56 74

가장 큰 수 81 − 34 = 47

가장 작은 수 81 − 74 = 7

02 53 90 19 27

가장 큰 수 90 − 19 = 71

가장 작은 수 27 − 19 = 8

03 44 18 30 62

가장 큰 수 62 − 18 = 44

가장 작은 수 30 − 18 = 12

▶ 규칙에 맞게 계산해 봐요
오른쪽 규칙에 따라 뺄셈을 해 보세요.

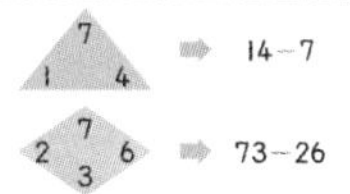

규칙

01 (8, 4, 0) − (5, 3, 6, 1) = 17

02 (7, 5, 3) − (3, 1, 9, 7) = 28

03 (8, 1, 9, 2) − (5, 3, 4) = 34

04 (9, 1, 7, 0) − (9, 6, 3) = 19

p.082

▶ 문장의 뜻을 이해하며 식을 세워 봐요
이야기 속에 주어진 조건을 생각하며 뺄셈식을 세우고 답을 구해 보세요.

문장제

01 준희의 어머니의 나이는 45살이고, 언니의 나이는 17살입니다. 어머니의 나이는 언니의 나이보다 몇 살 더 많습니까?

식 45−17=28 답 28 살

02 어제는 줄넘기를 78개 하고, 오늘은 93개 했습니다. 오늘은 어제보다 줄넘기를 몇 개 더 했습니까?

식 93−78=15 답 15 개

03 한 봉지에 80개가 들어 있는 사탕 봉지에서 36개를 꺼내어 주머니에 담았습니다. 사탕 봉지에 남은 사탕은 몇 개입니까?

식 80−36=44 답 44 개

04 지난 달에는 저금통에 동전을 65개 넣었고, 이번 달에는 72개를 넣었습니다. 이번 달에는 지난 달보다 동전을 몇 개 더 넣었습니까?

식 72−65=7 답 7 개

덧셈을 뺄셈으로, 뺄셈을 덧셈으로

p.087

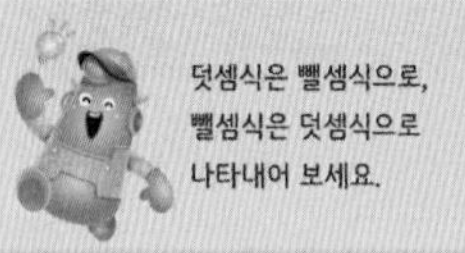

원리가 쏙쏙 적용이 척척 풀이가 술술 실력이 쑥쑥

덧셈식은 뺄셈식으로, 뺄셈식은 덧셈식으로 나타내어 보세요.

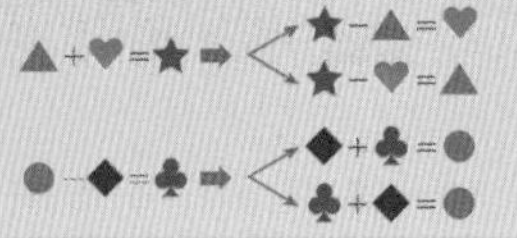

덧셈식을 뺄셈식으로 만들기

01 45 + 18 = 63 ➡ 63 − 18 = 45, 63 − 45 = 18

02 57 + 24 = 81 ➡ 81 − 57 = 24, 81 − 24 = 57

뺄셈식을 덧셈식으로 만들기

03 93 − 34 = 59 ➡ 34 + 59 = 93, 59 + 34 = 93

04 63 − 45 = 18 ➡ 45 + 18 = 63, 18 + 45 = 63

p.088~089

원리가 쏙쏙 적용이 척척 풀이가 술술 실력이 쑥쑥

그림을 보고 덧셈식과 뺄셈식을 2개씩 만들어 보세요.

(29, 68, 97) 29+68=97, 68+29=97 / 97−29=68, 97−68=29

01 (45, 37, 82)
45 + 37 = 82
37 + 45 = 82
82 − 45 = 37
82 − 37 = 45

02 (27, 44, 71)
27 + 44 = 71
44 + 27 = 71
71 − 27 = 44
71 − 44 = 27

03 (39, 58, 97)
39 + 58 = 97
58 + 39 = 97
97 − 39 = 58
97 − 58 = 39

04 (46, 19, 65)
46 + 19 = 65
19 + 46 = 65
65 − 46 = 19
65 − 19 = 46

05 (29, 28, 57)
29 + 28 = 57
28 + 29 = 57
57 − 29 = 28
57 − 28 = 29

06 (15, 59, 74)
15 + 59 = 74
59 + 15 = 74
74 − 15 = 59
74 − 59 = 15

07 (66, 27, 93)
66 + 27 = 93
27 + 66 = 93
93 − 66 = 27
93 − 27 = 66

08 (28, 35, 63)
28 + 35 = 63
35 + 28 = 63
63 − 28 = 35
63 − 35 = 28

09 (39, 44, 83)
39 + 44 = 83
44 + 39 = 83
83 − 39 = 44
83 − 44 = 39

10 (79, 18, 97)
79 + 18 = 97
18 + 79 = 97
97 − 79 = 18
97 − 18 = 79

p.090~091

원리가 쏙쏙 | 적용이 척척 | 풀이가 술술 | 실력이 쑥쑥

덧셈식을 뺄셈식 2개로 나타내 보세요. $57+28=85$ ➡ $85-57=28$, $85-28=57$

01 $47+15=62$
- $62-47=15$
- $62-15=47$

02 $39+55=94$
- $94-39=55$
- $94-55=39$

03 $17+73=90$
- $90-17=73$
- $90-73=17$

04 $46+28=74$
- $74-46=28$
- $74-28=46$

05 $39+36=75$
- $75-39=36$
- $75-36=39$

06 $19+34=53$
- $53-19=34$
- $53-34=19$

뺄셈식을 덧셈식 2개로 나타내 보세요. $85-57=28$ ➡ $28+57=85$, $57+28=85$

01 $73-56=17$
- $17+56=73$
- $56+17=73$

02 $61-43=18$
- $18+43=61$
- $43+18=61$

03 $44-28=16$
- $16+28=44$
- $28+16=44$

04 $83-58=25$
- $25+58=83$
- $58+25=83$

05 $93-25=68$
- $68+25=93$
- $25+68=93$

06 $71-39=32$
- $32+39=71$
- $39+32=71$

p.092~093

원리가 쏙쏙 | 적용이 척척 | 풀이가 술술 | 실력이 쑥쑥

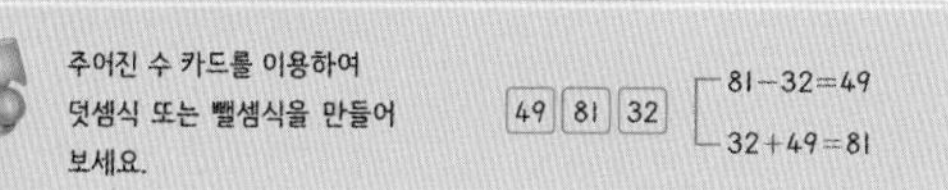

주어진 수 카드를 이용하여 덧셈식 또는 뺄셈식을 만들어 보세요. 49 81 32 → $81-32=49$, $32+49=81$

01 17 32 15
- $32-17=15$
- $15+17=32$

02 55 73 18
- $73-18=55$
- $55+18=73$

03 43 28 71
- $71-28=43$
- $28+43=71$

04 98 35 63
- $98-63=35$
- $35+63=98$

05 17 86 69
- $86-17=69$
- $17+69=86$

06 92 36 56
- $92-36=56$
- $36+56=92$

07 26 41 15
- $41-15=26$
- $15+26=41$

08 93 14 79
- $93-79=14$
- $79+14=93$

09 25 38 63
- $63-25=38$
- $25+38=63$

10 37 70 33
- $70-37=33$
- $33+37=70$

11 66 25 91
- $91-25=66$
- $66+25=91$

12 23 48 71
- $71-48=23$
- $48+23=71$

13 26 59 85
- $85-26=59$
- $26+59=85$

14 67 18 49
- $67-18=49$
- $49+18=67$

p.095

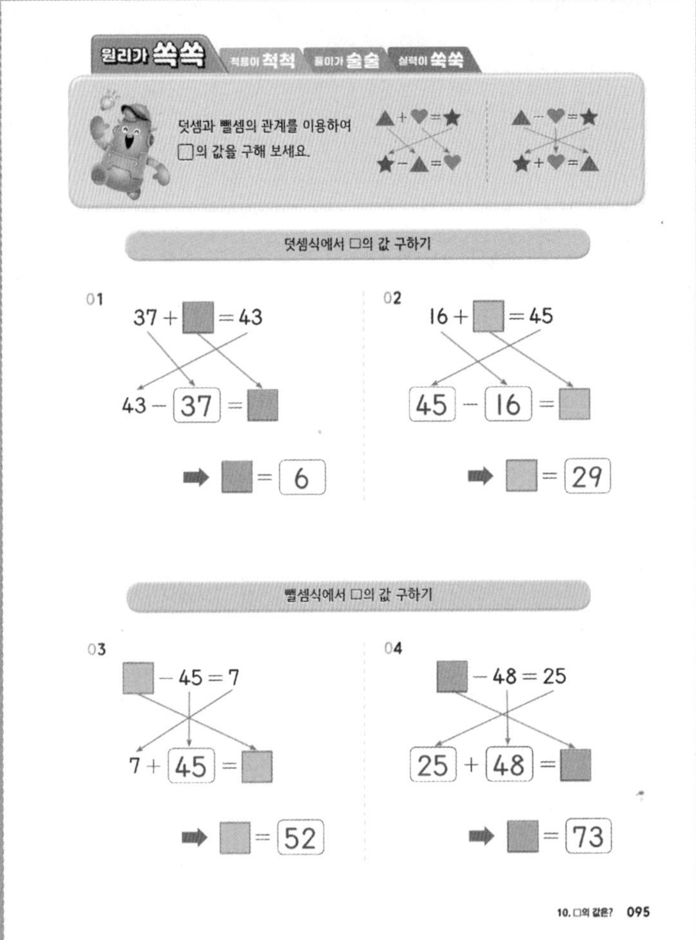

p.096~097

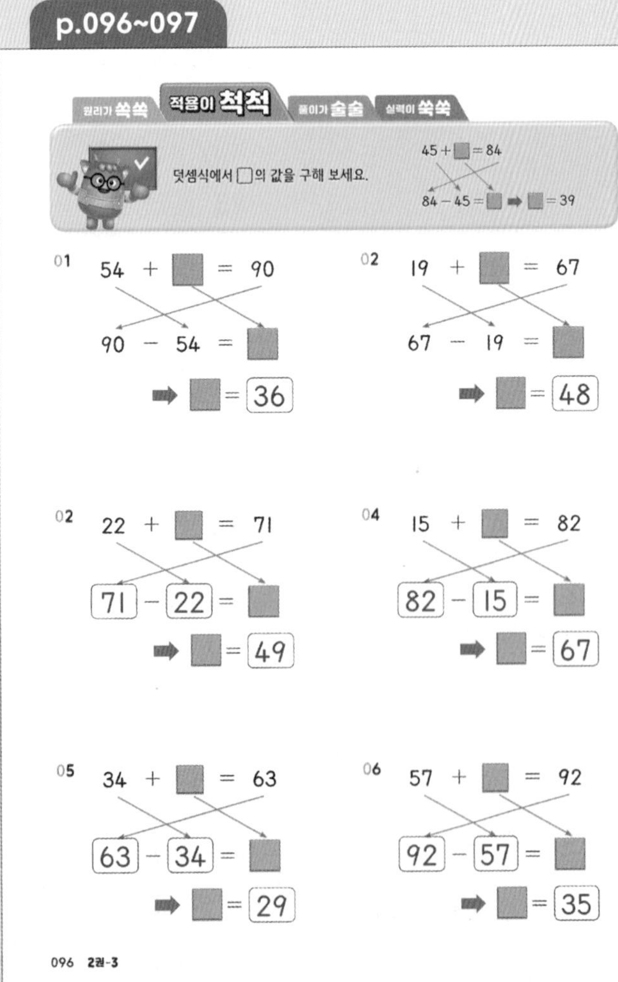

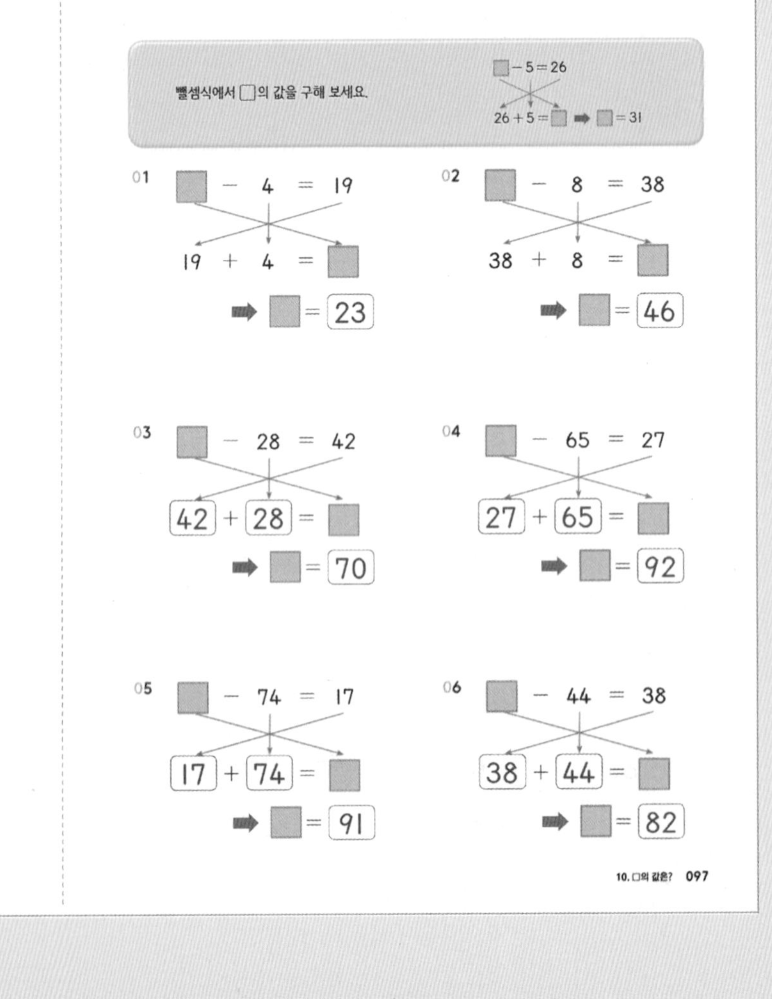

10

□의 값은?

덧셈과 뺄셈의 관계를 이용하여
□의 값을 구해 보세요.

$$▲ + ♥ = ★ \qquad ▲ - ♥ = ★$$
$$★ - ▲ = ♥ \qquad ★ + ♥ = ▲$$

덧셈식에서 □의 값 구하기

01
$$37 + \square = 43$$
$$43 - 37 = \square$$
➡ □ = 6

02
$$16 + \square = 45$$
$$45 - 16 = \square$$
➡ □ = 29

뺄셈식에서 □의 값 구하기

03
$$\square - 45 = 7$$
$$7 + 45 = \square$$
➡ □ = 52

04
$$\square - 48 = 25$$
$$25 + 48 = \square$$
➡ □ = 73

덧셈식에서 □의 값을 구해 보세요.
$$45 + \square = 84$$
$$84 - 45 = \square ➡ \square = 39$$

01
$$54 + \square = 90$$
$$90 - 54 = \square$$
➡ □ = 36

02
$$19 + \square = 67$$
$$67 - 19 = \square$$
➡ □ = 48

02
$$22 + \square = 71$$
$$71 - 22 = \square$$
➡ □ = 49

04
$$15 + \square = 82$$
$$82 - 15 = \square$$
➡ □ = 67

05
$$34 + \square = 63$$
$$63 - 34 = \square$$
➡ □ = 29

06
$$57 + \square = 92$$
$$92 - 57 = \square$$
➡ □ = 35

뺄셈식에서 □의 값을 구해 보세요.
$$\square - 5 = 26$$
$$26 + 5 = \square ➡ \square = 31$$

01
$$\square - 4 = 19$$
$$19 + 4 = \square$$
➡ □ = 23

02
$$\square - 8 = 38$$
$$38 + 8 = \square$$
➡ □ = 46

03
$$\square - 28 = 42$$
$$42 + 28 = \square$$
➡ □ = 70

04
$$\square - 65 = 27$$
$$27 + 65 = \square$$
➡ □ = 92

05
$$\square - 74 = 17$$
$$17 + 74 = \square$$
➡ □ = 91

06
$$\square - 44 = 38$$
$$38 + 44 = \square$$
➡ □ = 82

03
$$\square - 45 = 7$$
$$7 + 45 = \square$$
➡ □ = 52

04
$$\square - 48 = 25$$
$$25 + 48 = \square$$
➡ □ = 73

덧셈식에서 □의 값을 구해 보세요.
$$45 + \square = 84$$
$$84 - 45 = \square ➡ \square = 39$$

01

p.098~099

원리가 쏙쏙 | 적용이 척척 | **풀이가 술술** | 실력이 쑥쑥

덧셈과 뺄셈의 관계를 이용하여
덧셈식에서 □의 값을 구해 보세요.

9 + [5] = 14 (14−9)

01 8 + [16] = 24 (24−8)　02 16 + [54] = 70 (70−16)　03 54 + [29] = 83 (83−54)

04 4 + [57] = 61　05 28 + [17] = 45　06 7 + [75] = 82

07 75 + [18] = 93　08 49 + [47] = 96　09 17 + [77] = 94

10 56 + [9] = 65　11 27 + [46] = 73　12 18 + [54] = 72

13 14 + [36] = 50　14 59 + [23] = 82　15 56 + [18] = 74

16 69 + [13] = 82　17 25 + [68] = 93　18 19 + [42] = 61

덧셈과 뺄셈의 관계를 이용하여
뺄셈식에서 □의 값을 구해 보세요.

[12] − 5 = 7 (5+7)　21 − [9] = 12 (21−12)

01 [12] − 3 = 9 (3+9)　02 31 − [8] = 23 (31−23)　03 [80] − 15 = 65

04 45 − [19] = 26　05 91 − [28] = 63　06 [95] − 77 = 18

07 92 − [37] = 55　08 [54] − 16 = 38　09 74 − [15] = 59

10 [62] − 39 = 23　11 80 − [33] = 47　12 [54] − 5 = 49

13 65 − [28] = 37　14 [83] − 38 = 45　15 74 − [35] = 39

16 [82] − 47 = 35　17 94 − [19] = 75　18 [63] − 38 = 25

p.100~101

원리가 쏙쏙 | 적용이 척척 | 풀이가 술술 | **실력이 쑥쑥**

덧셈과 뺄셈의 관계를 이용하여
덧셈식의 빈칸을 채워 보세요.

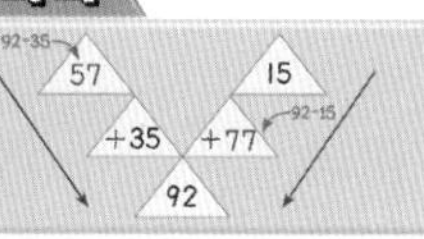

01
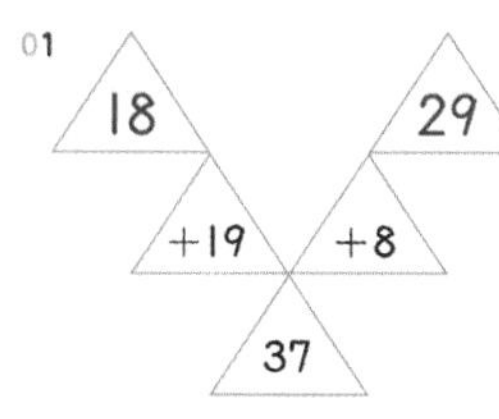

02
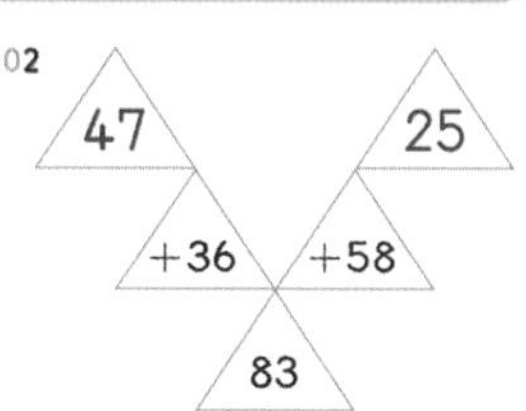

03
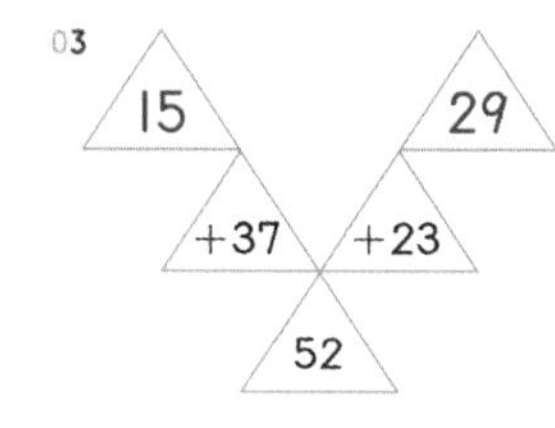

04
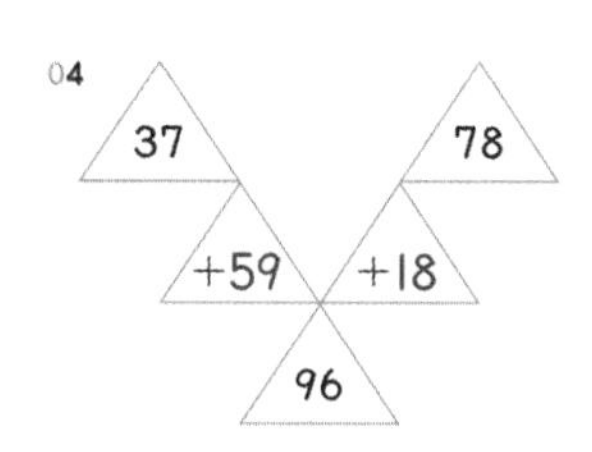

05
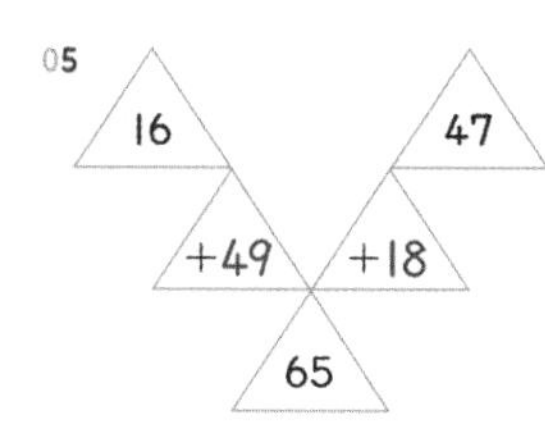

06
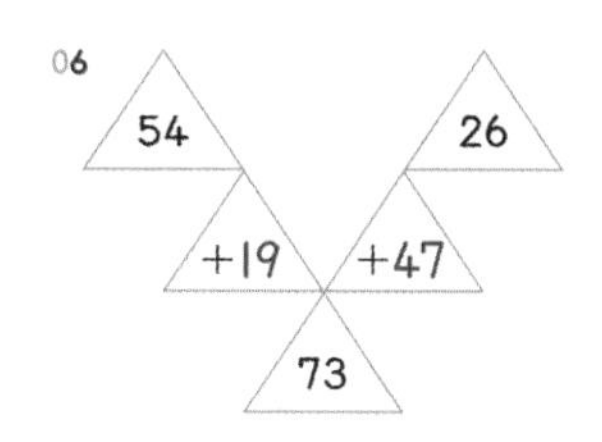

덧셈과 뺄셈의 관계를 이용하여
뺄셈식의 빈칸을 채워 보세요.

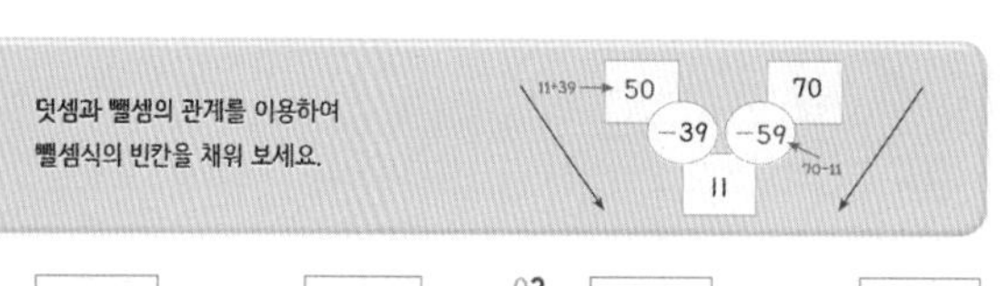

01
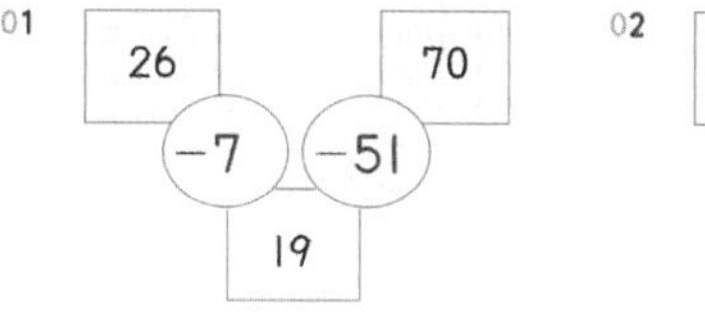

02 62, 71, −28, −37, 34

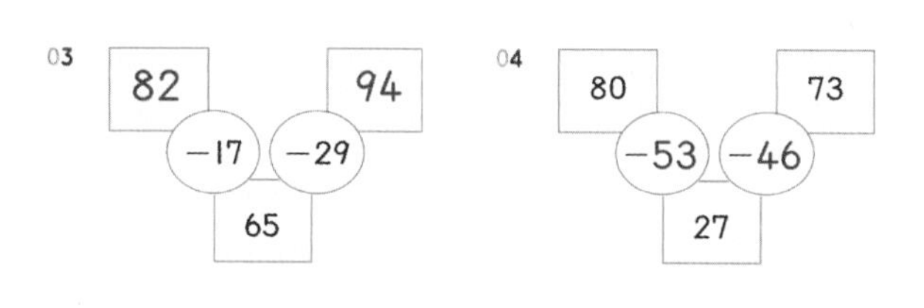

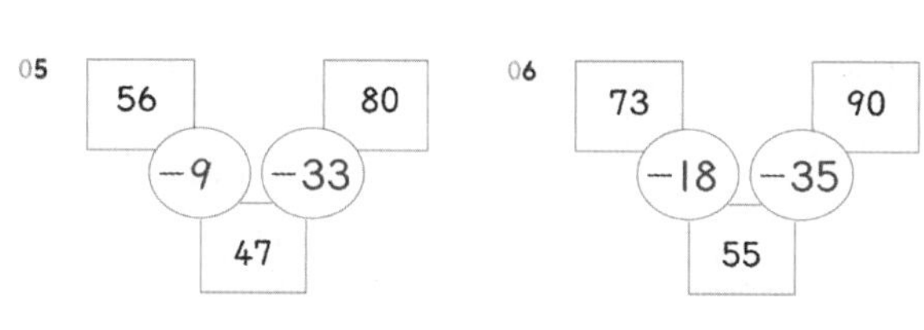

p.103

11 더하고 더하기

원리가 쏙쏙 적용이 척척 풀이가 술술 실력이 쑥쑥

두 수를 먼저 더하여
세 수의 덧셈을 해 보세요.

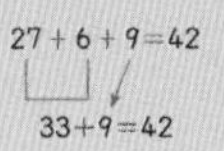

27 + 6 + 9 = 42
33 + 9 = 42

27 + 6 + 9 = 42
27 + 15 = 42

앞의 두 수를 먼저 더하기

01 17 + 5 + 8 = 30
22 + 8 = 30

02 38 + 9 + 5 = 52
47 + 5 = 52

뒤의 두 수를 먼저 더하기

03 38 + 7 + 17 = 62
38 + 24 = 62

04 29 + 4 + 27 = 60
29 + 31 = 60

p.104~105

원리가 쏙쏙 적용이 척척 풀이가 술술 실력이 쑥쑥

순서에 맞추어
세 수의 덧셈을 해 보세요.

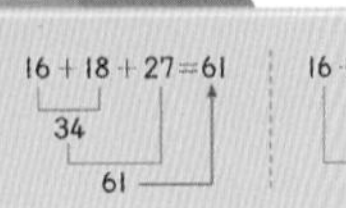

16 + 18 + 27 = 61
34
61

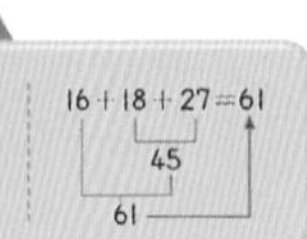

16 + 18 + 27 = 61
45
61

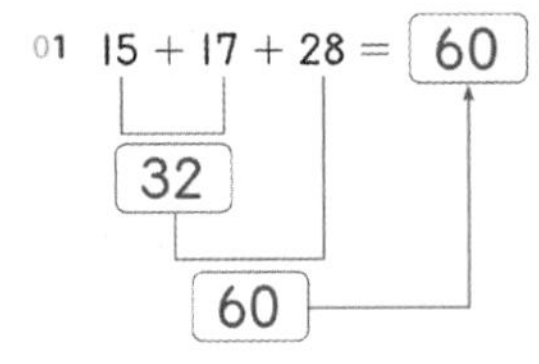

01 15 + 17 + 28 = 60
32
60

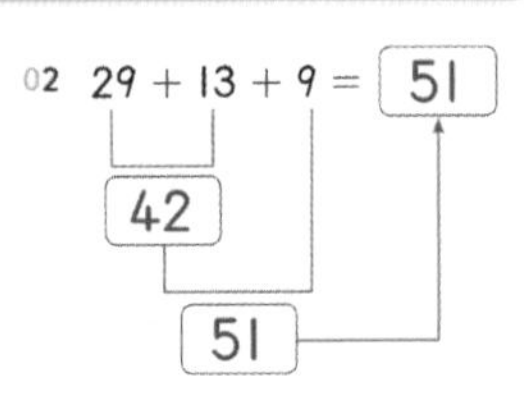

02 29 + 13 + 9 = 51
42
51

03 38 + 14 + 39 = 91
53
91

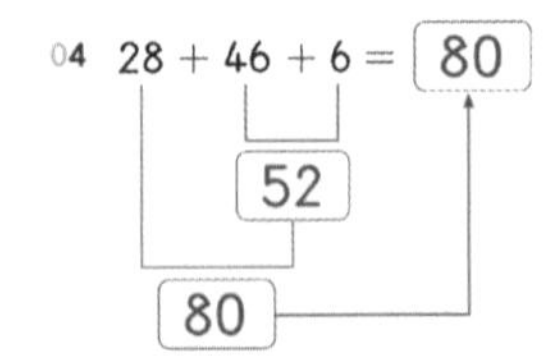

04 28 + 46 + 6 = 80
52
80

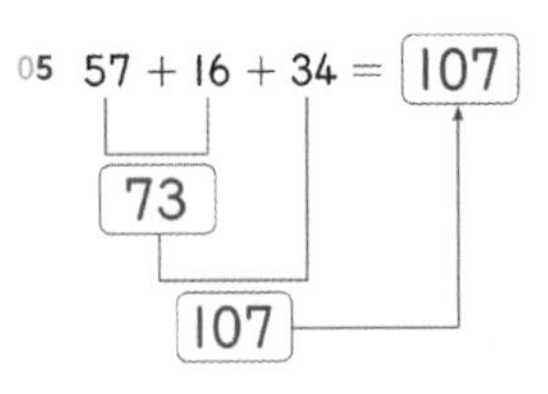

05 57 + 16 + 34 = 107
73
107

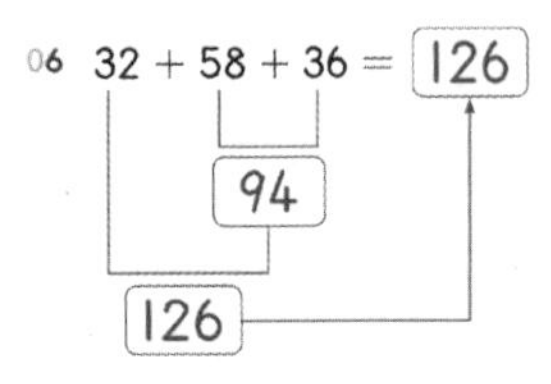

06 32 + 58 + 36 = 126
94
126

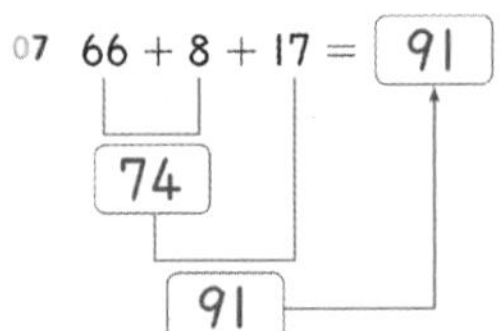

07 66 + 8 + 17 = 91
74
91

08 57 + 6 + 19 = 82
63
82

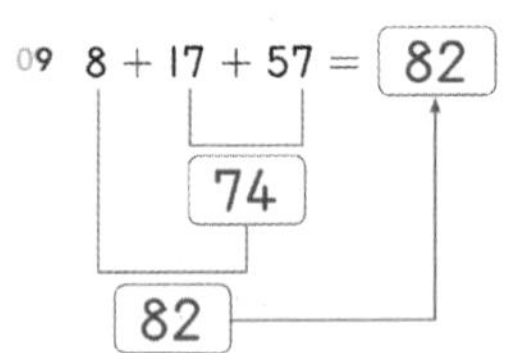

09 8 + 17 + 57 = 82
74
82

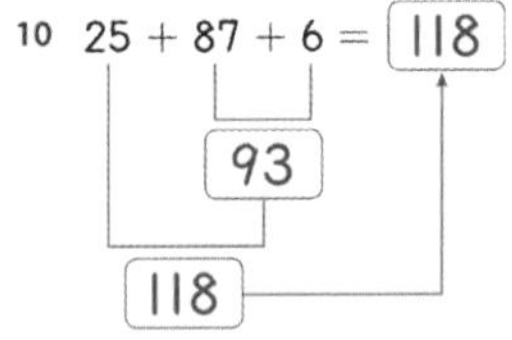

10 25 + 87 + 6 = 118
93
118

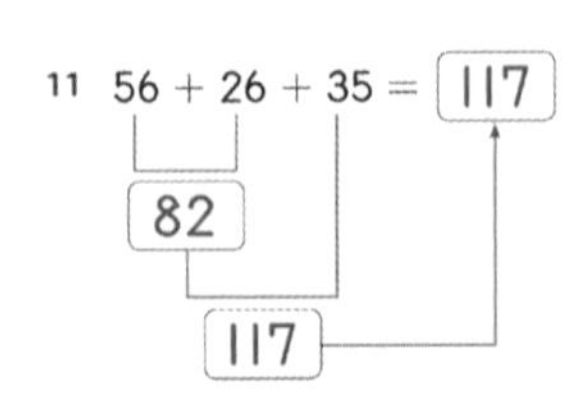

11 56 + 26 + 35 = 117
82
117

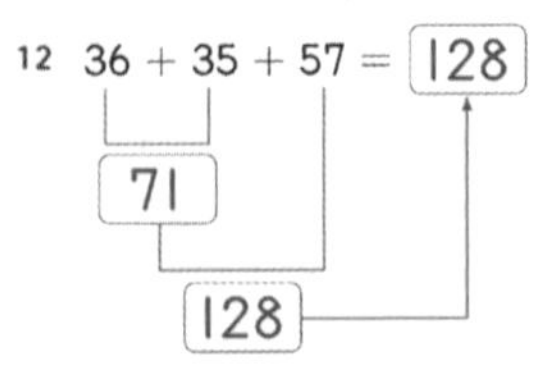

12 36 + 35 + 57 = 128
71
128

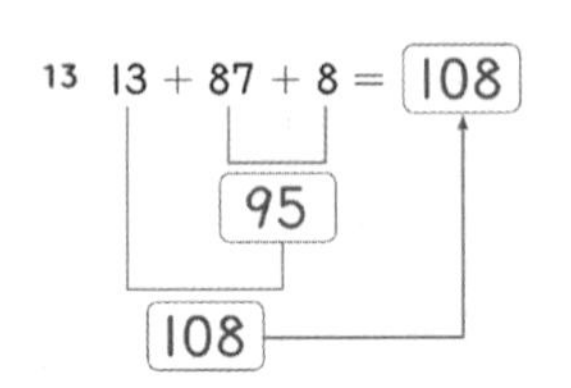

13 13 + 87 + 8 = 108
95
108

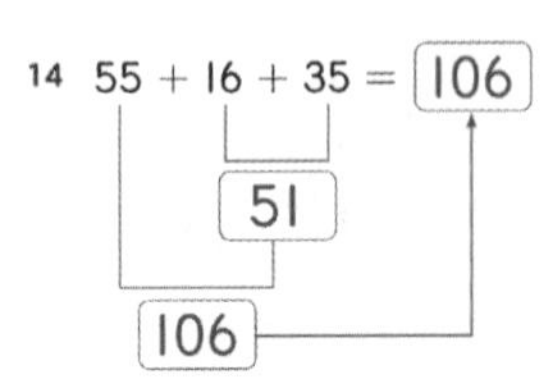

14 55 + 16 + 35 = 106
51
106

p.106~107

원리가 쏙쏙 적용이 척척 풀이가 술술 실력이 쑥쑥

세 수의 덧셈을
가로셈으로 해 보세요.

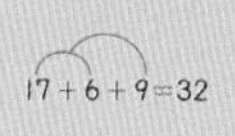

17+6+9=32

01 27+7+28= 62

02 7+15+9= 31

03 49+28+71= 148

04 8+36+17= 61

05 6+17+52= 75

06 76+14+7= 97

07 26+56+31= 113

08 43+8+19= 70

09 43+29+33= 105

10 67+16+9= 92

11 25+16+61= 102

12 18+38+29= 85

13 55+27+9= 91

14 34+8+83= 125

15 66+26+24= 116

16 5+96+7= 108

17 14+57+61= 132

18 68+16+62= 146

19 14+19+48= 81

20 35+8+19= 62

21 16+68+7= 91

22 23+39+86= 148

23 66+17+23= 106

24 38+86+7= 131

25 29+56+43= 128

26 39+13+48= 100

27 55+13+29= 97

28 26+56+31= 113

29 17+58+32= 107

30 13+23+27= 63

p.108~109

원리가 쏙쏙 적용이 척척 풀이가 술술 실력이 쑥쑥

가로 또는 세로로 나열된 세 수를 더하여 빈칸을 채워 보세요.

01

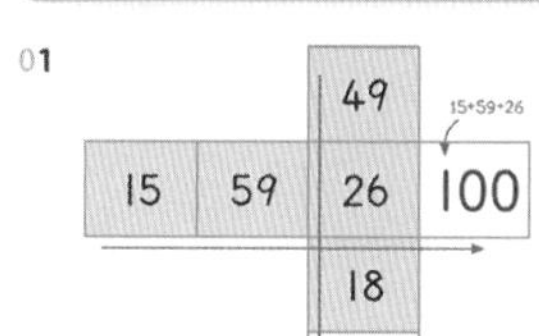

02

55

16 83 15 114

9

79

03

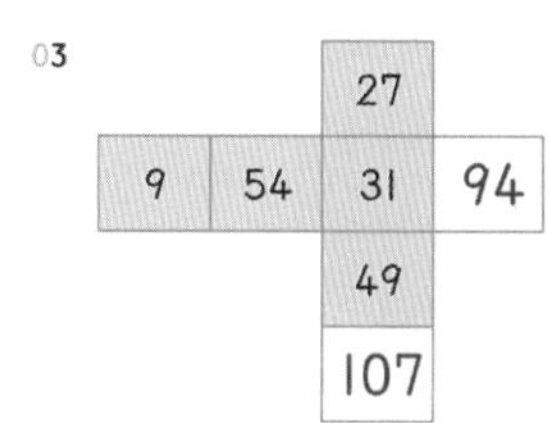

04

34

24 91 7 122

39

80

05

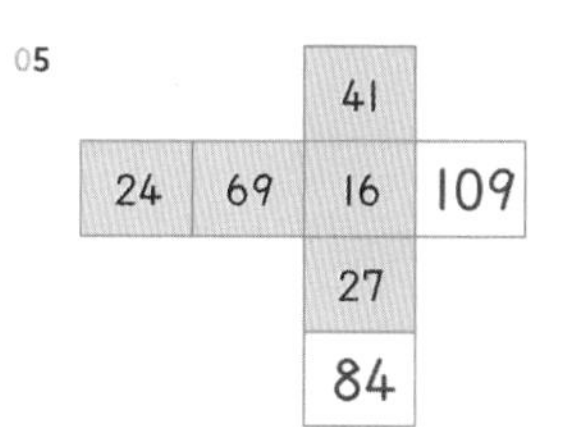

06

72

16 24 39 79

27

138

07

27 52 6 85

49

18

94

08

56 15 32 103

37

33

126

09

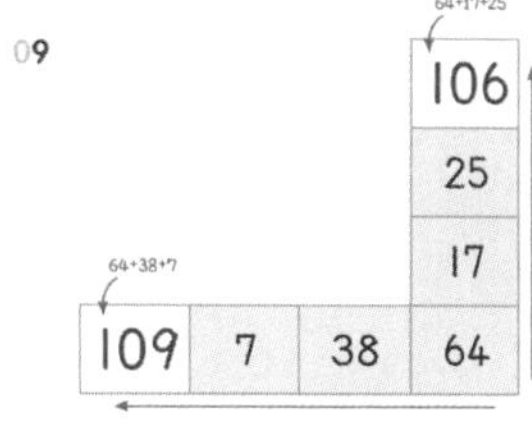

10

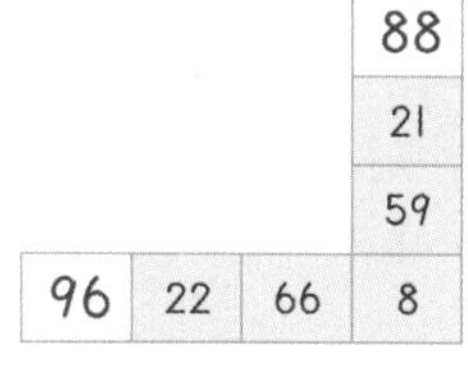

11

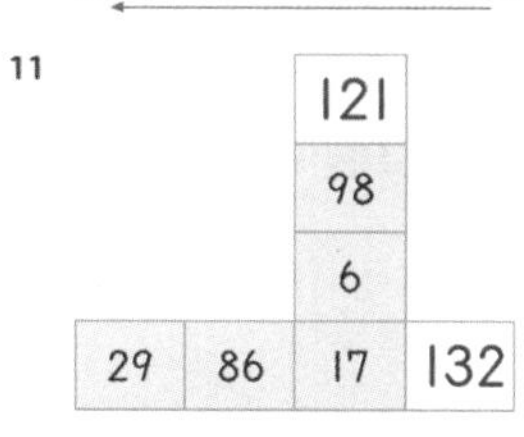

12

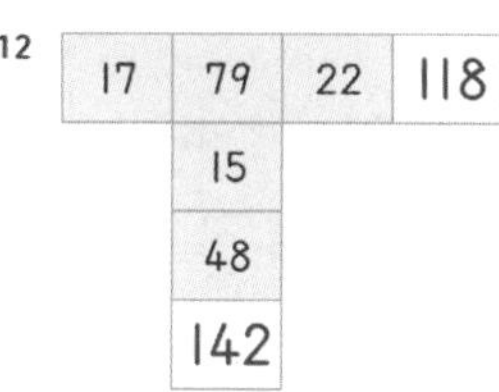

13

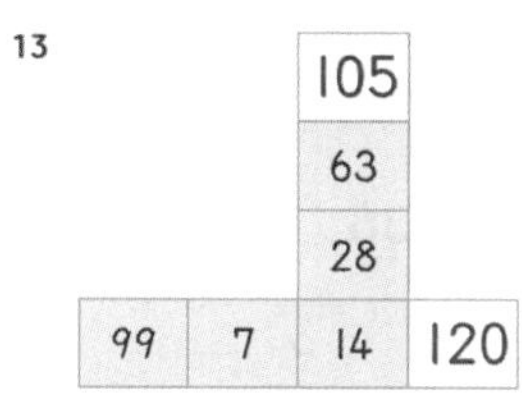

14

13 49 93 155

25

31

105

빼고 빼기

원리가 쏙쏙 적용이 척척 풀이가 술술 실력이 쑥쑥

앞의 두 수의 차를 먼저 구하여
세 수의 뺄셈을 해 보세요.

$33-16-8=9$
$17-8=9$

01 31 − 15 − 8 계산하기

$31-15-8=8$

$16-8=8$

02 40 − 26 − 5 계산하기

$40-26-5=9$

$14-5=9$

03 50 − 24 − 7 계산하기

$50-24-7=19$

$26-7=19$

04 64 − 28 − 19 계산하기

$64-28-19=17$

$36-19=17$

원리가 쏙쏙 적용이 척척 풀이가 술술 실력이 쑥쑥

앞에서부터 차례로
세 수의 뺄셈을 해 보세요.

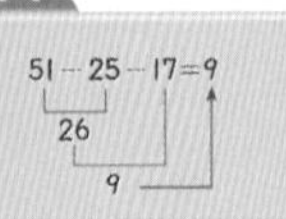

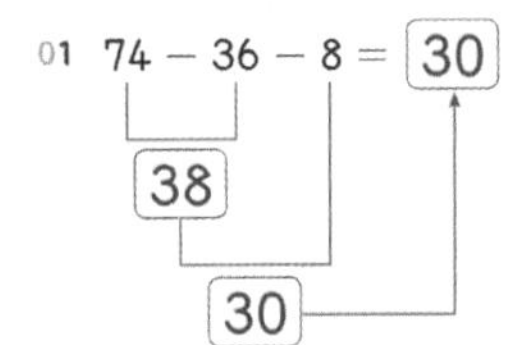

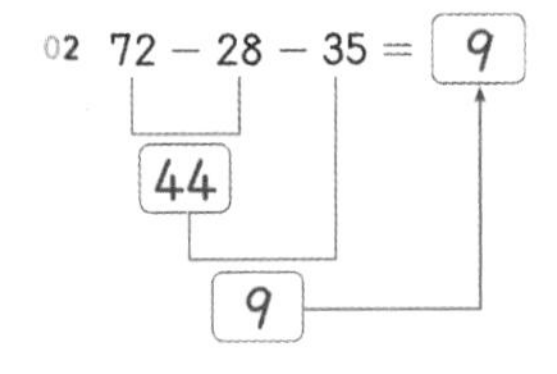

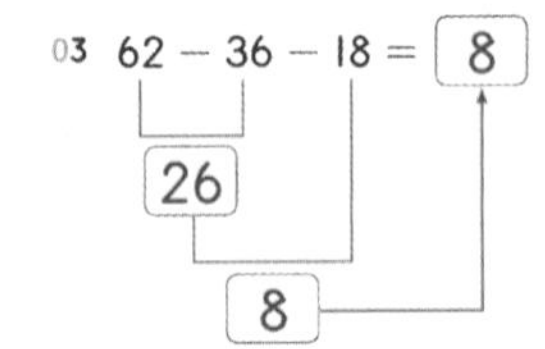

04 83 − 49 − 16 = 18

34

18

05 91 − 27 − 39 = 25

06 $50 - 14 - 27 = \boxed{9}$

07 $73 - 49 - 8 = \boxed{16}$

08 $54 - 36 - 13 = \boxed{5}$

09 $72 - 26 - 11 = \boxed{35}$

10 $64 - 23 - 28 = \boxed{13}$

11 $41 - 14 - 12 = \boxed{15}$

12 $82 - 29 - 27 = \boxed{26}$

13 $71 - 15 - 19 = \boxed{37}$

14 $95 - 38 - 29 = \boxed{28}$

64

25

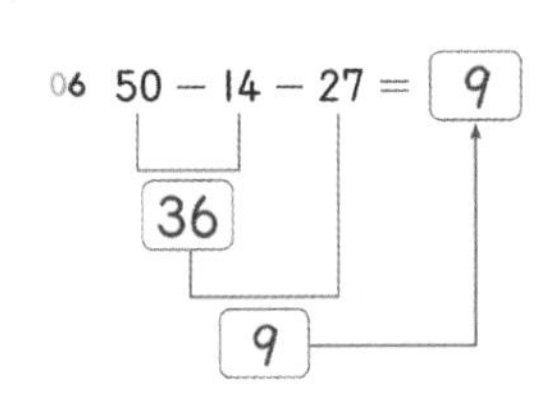

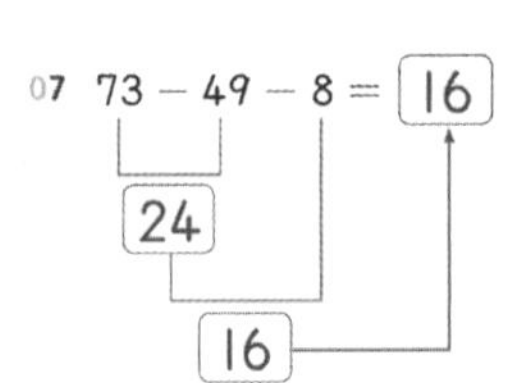

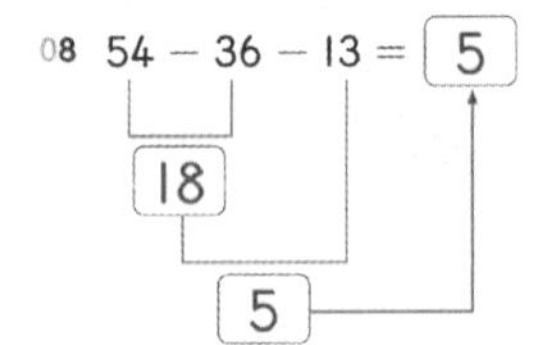

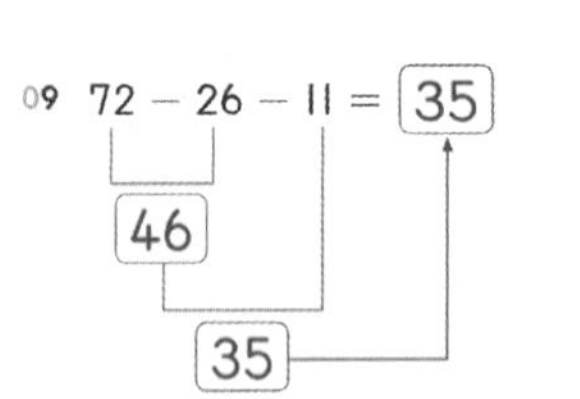

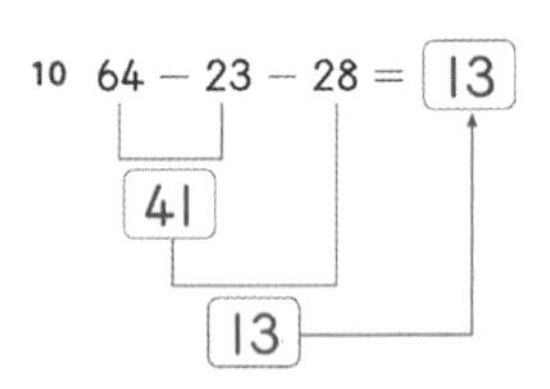

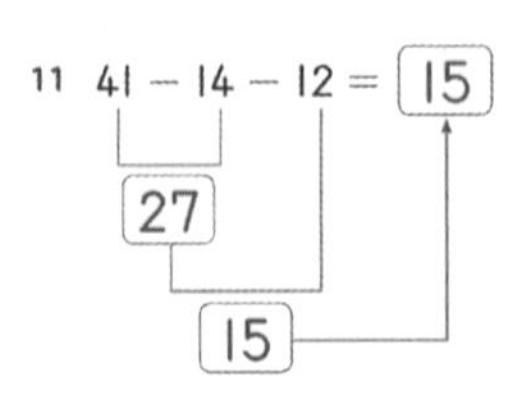

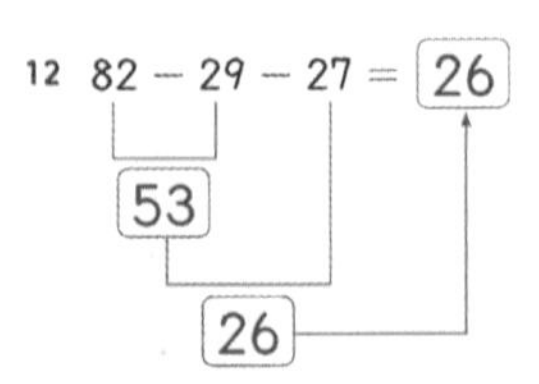

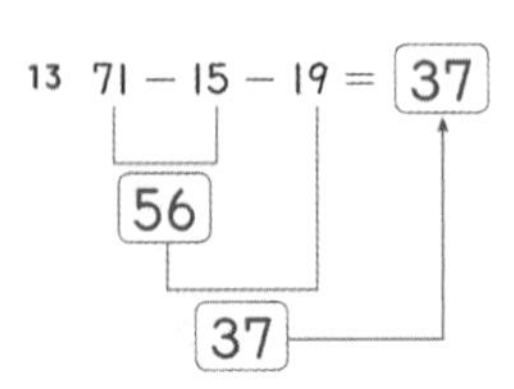

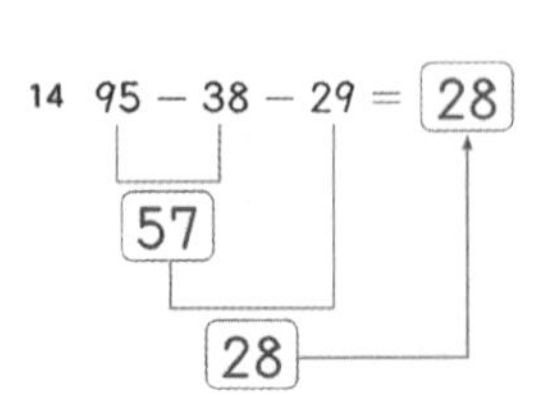

p.114~115

원리가 쏙쏙 적용이 척척 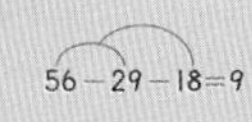 실력이 쑥쑥

세 수의 뺄셈을 순서에 맞게 해 보세요.

$56-29-18=9$

01 $53-8-26=19$

02 $46-17-9=20$

03 $43-16-8=19$

04 $81-39-20=22$

05 $74-17-19=38$

06 $83-69-8=6$

07 $63-16-11=36$

08 $90-14-23=53$

09 $72-53-6=13$

10 $80-25-37=18$

11 $94-16-69=9$

12 $82-25-8=49$

13 $93-26-43=24$

14 $83-29-7=47$

15 $73-24-37=12$

16 $92-13-45=34$

17 $82-48-15=19$

18 $65-47-13=5$

19 $60-27-16=17$

20 $90-15-36=39$

21 $81-45-7=29$

22 $65-29-18=18$

23 $96-38-14=44$

24 $84-7-26=51$

25 $90-4-49=37$

26 $41-14-12=15$

27 $54-18-29=7$

28 $67-19-24=24$

29 $66-32-29=5$

30 $71-23-31=17$

p.116~117

원리가 쏙쏙 적용이 척척 풀이가 술술 실력이 쑥쑥

세 수의 뺄셈을 하여 빈칸을 채워 보세요.

01

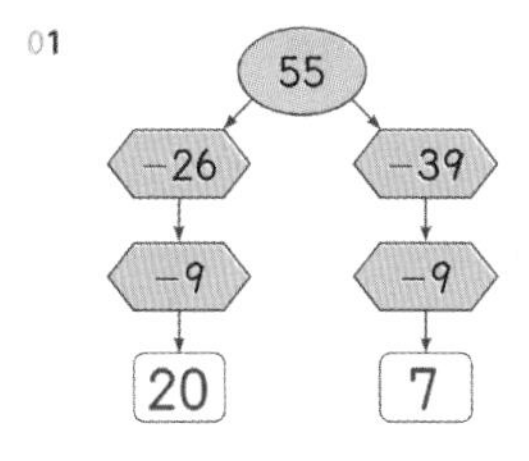

02

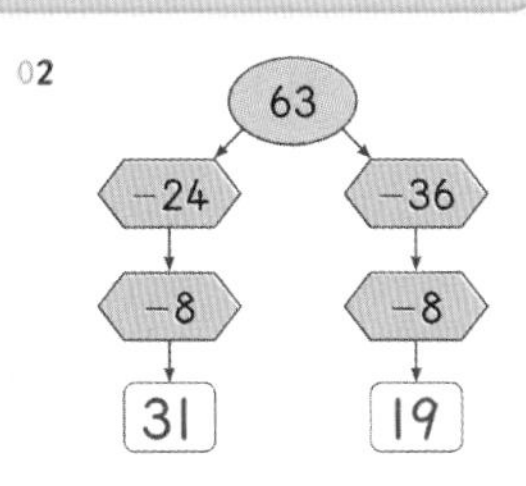

03

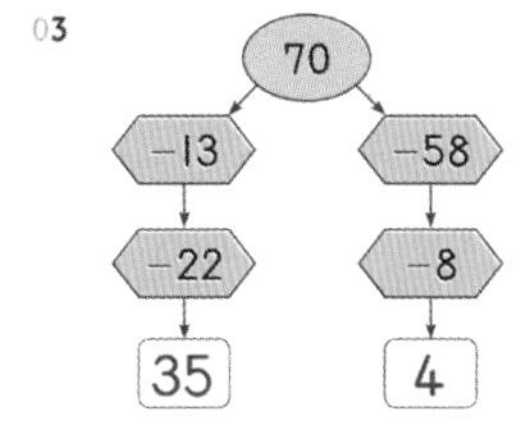

04

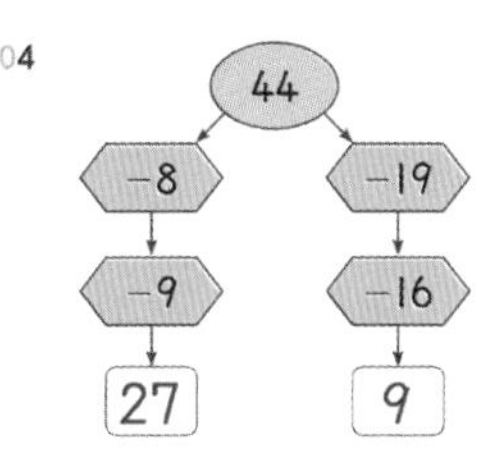

05

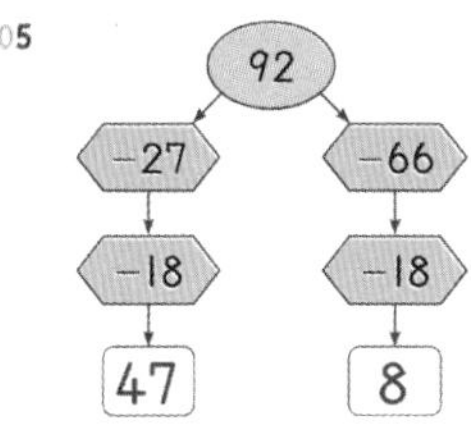

06

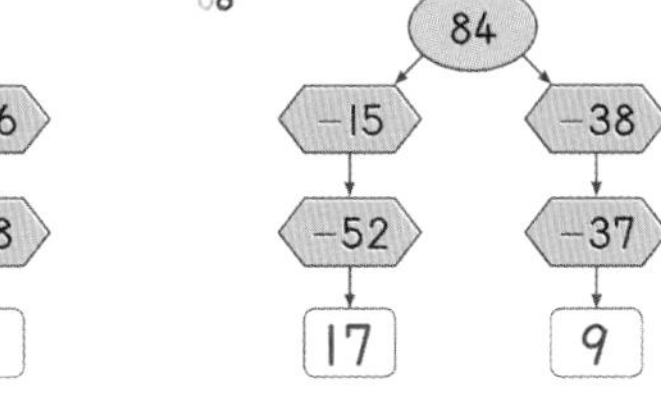

가로 또는 세로로 나열된 세 수의 뺄셈을 하여 빈칸을 채워 보세요.

01

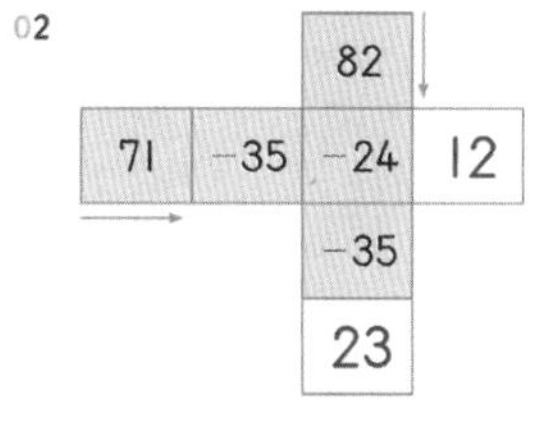

02

82
71 −35 −24 12
−35
23

03

90
80 −16 −55 9
−17
18

04

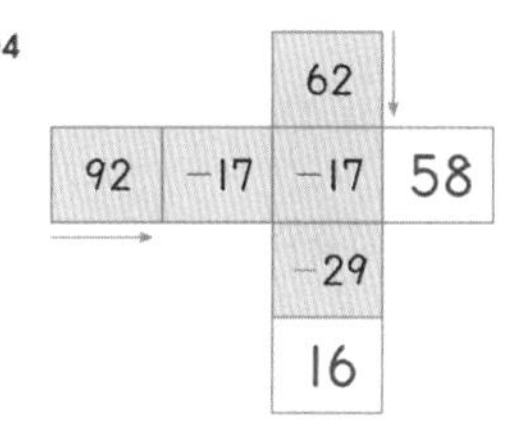

05

74
96 −17 −37 42
−19
18

06

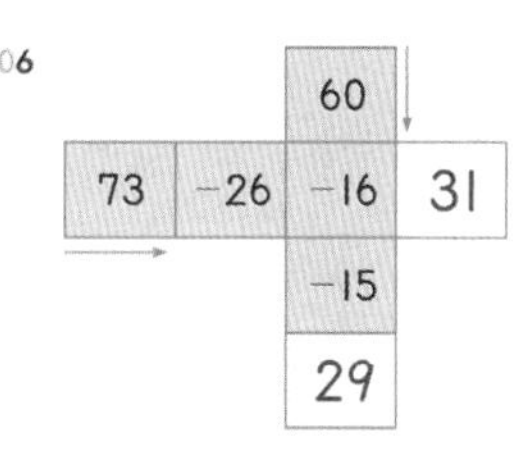

p.119

13 더하고 빼기, 빼고 더하기

 원리가 쏙쏙 적용이 척척 풀이가 술술 실력이 쑥쑥

앞에서부터 차례로 계산하여 덧셈과 뺄셈이 섞여 있는 세 수의 계산을 해 보세요.

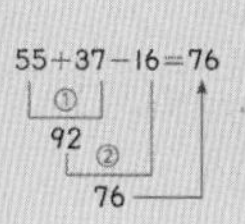

더하고 빼기

01 13 + 59 − 15 = 57 (① 72, ② 57)

02 27 + 25 − 34 = 18 (① 52, ② 18)

빼고 더하기

03 90 − 27 + 14 = 77 (① 63, ② 77)

04 77 − 39 + 25 = 63 (① 38, ② 63)

p.120~121

원리가 쏙쏙 적용이 척척 풀이가 술술 실력이 쑥쑥

앞에서부터 차례로 세 수의 덧셈과 뺄셈을 해 보세요.

01 $45 + 66 - 40 = \boxed{71}$
$\boxed{111}$
$\boxed{71}$

02 $33 + 67 - 35 = \boxed{65}$
$\boxed{100}$
$\boxed{65}$

03 $22 + 91 - 58 = \boxed{55}$
$\boxed{113}$
$\boxed{55}$

04 $21 + 85 - 34 = \boxed{72}$
$\boxed{106}$
$\boxed{72}$

05 $45 - 6 + 28 = \boxed{67}$
$\boxed{39}$
$\boxed{67}$

06 $64 - 9 + 34 = \boxed{89}$
$\boxed{55}$
$\boxed{89}$

07 $80 - 25 + 16 = \boxed{71}$
$\boxed{55}$
$\boxed{71}$

08 $60 - 18 + 37 = \boxed{79}$
$\boxed{42}$
$\boxed{79}$

09 $54 + 17 - 43 = \boxed{28}$
$\boxed{71}$
$\boxed{28}$

10 $35 + 58 - 25 = \boxed{68}$
$\boxed{93}$
$\boxed{68}$

11 $42 - 37 + 98 = \boxed{103}$
$\boxed{5}$
$\boxed{103}$

12 $55 - 16 + 52 = \boxed{91}$
$\boxed{39}$
$\boxed{91}$

13 $23 + 82 - 69 = \boxed{36}$
$\boxed{105}$
$\boxed{36}$

14 $68 + 18 - 19 = \boxed{67}$
$\boxed{86}$
$\boxed{67}$

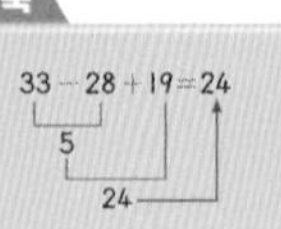

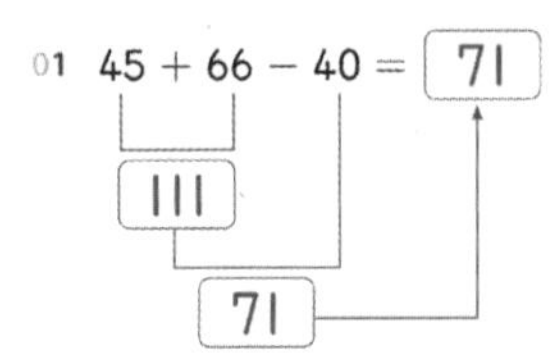

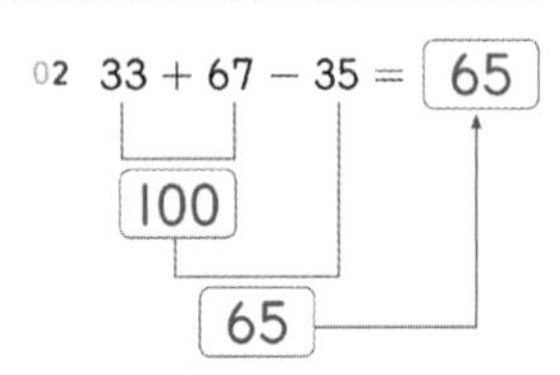

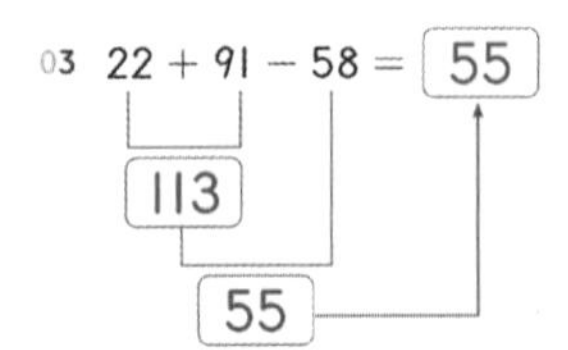

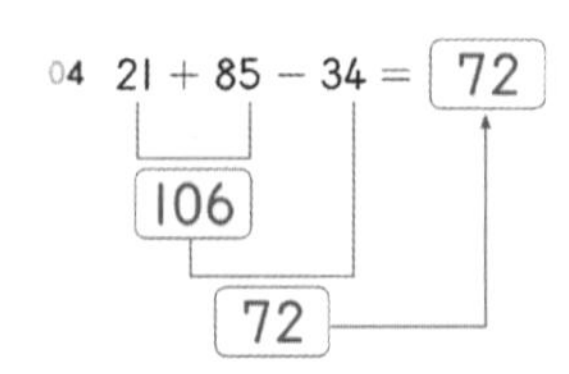

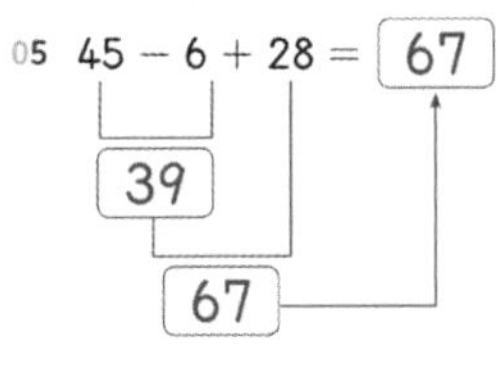

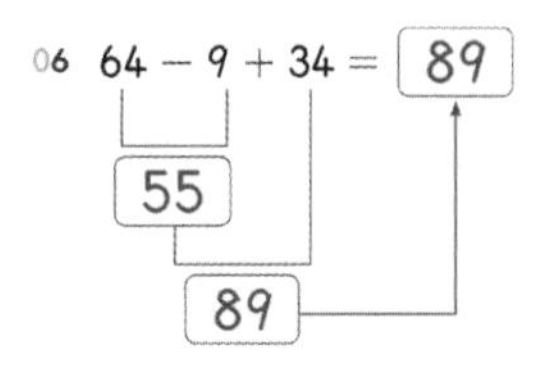

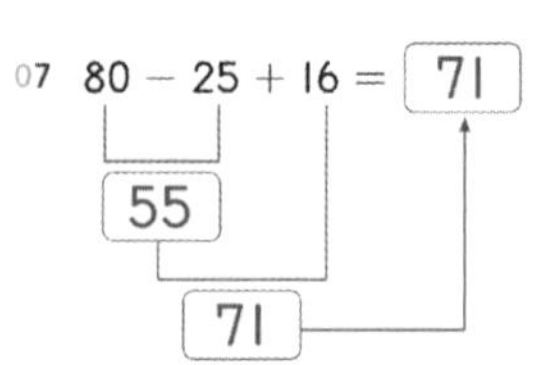

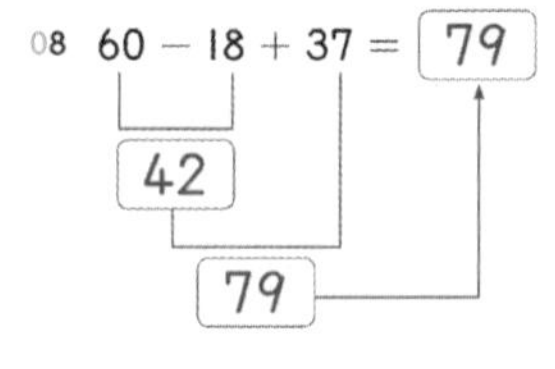

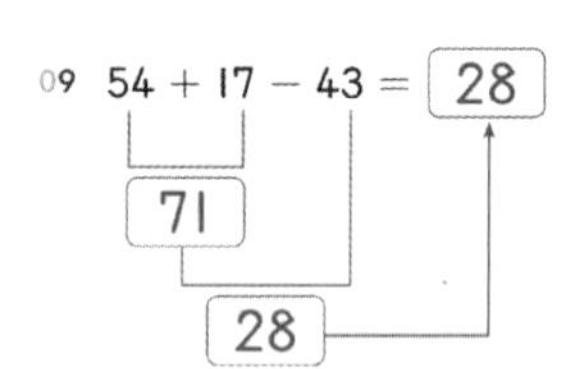

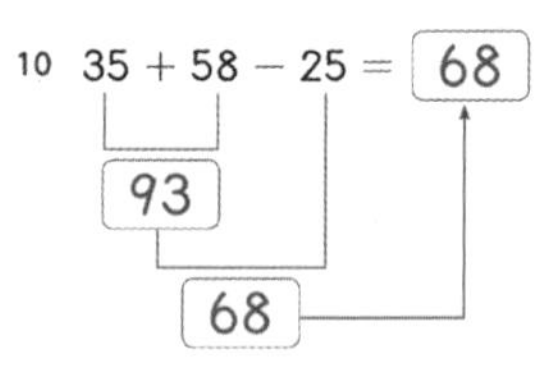

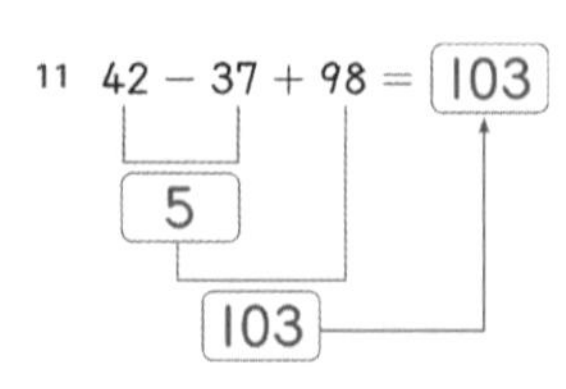

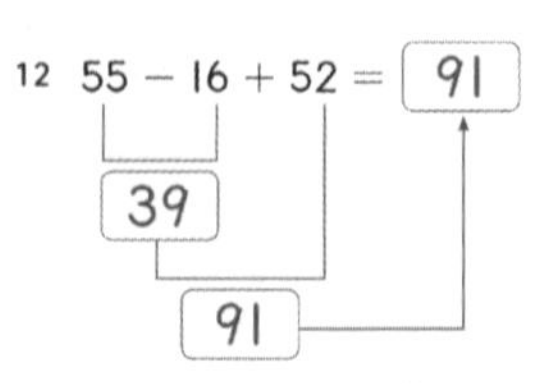

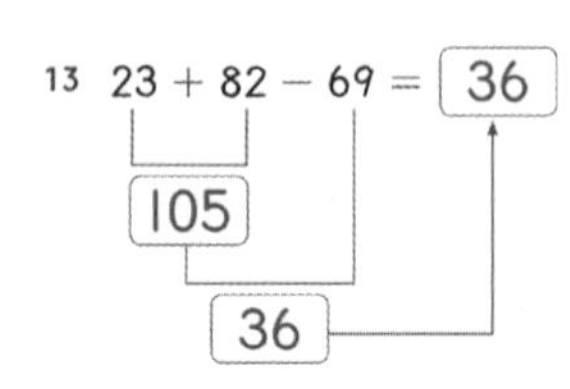

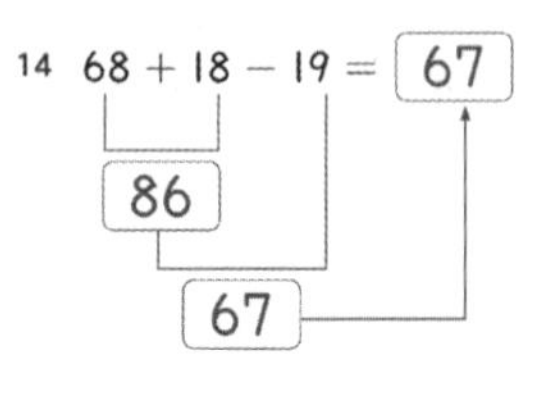

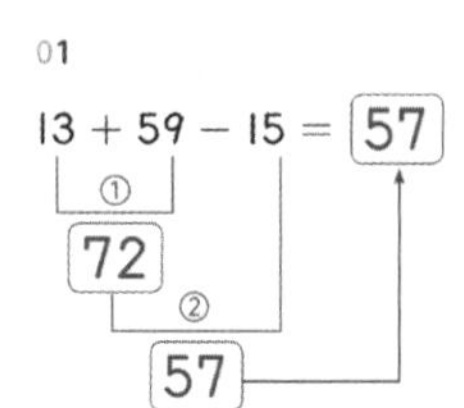

p.122~123

원리가 쑥쑥 | 적용이 척척 | **풀이가 술술** | 실력이 쑥쑥

세 수의 덧셈과 뺄셈을 순서에 맞게 해 보세요.

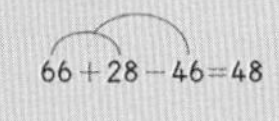

01 9+95−36= 68

02 90−12+6= 84

03 75−19+11= 67

04 48+5−14= 39

05 87+4−36= 55

06 81−24+17= 74

07 76+19−88= 7

08 23+94−52= 65

09 80−26+35= 89

10 65−56+44= 53

11 43+62−47= 58

12 75−48+51= 78

13 83+27−65= 45

14 16+49−15= 50

15 44−36+79= 87

16 55+92−89= 58

17 58+26−39= 45

18 63−25+13= 51

19 84−19+35= 100

20 17+85−23= 79

21 36+97−79= 54

22 76−28+57= 105

23 35+77−60= 52

24 93−35+66= 124

25 63+29−35= 57

26 53−44+67= 76

27 68−39+84= 113

28 52+85−64= 73

29 27+67−56= 38

30 52−34+86= 104

p.124~125

원리가 쑥쑥 | 적용이 척척 | 풀이가 술술 | **실력이 쑥쑥**

어떤 수가 △를 만나면 뺄셈을 하고, ⬡를 만나면 덧셈을 해요. 규칙에 맞게 계산을 해 보세요.

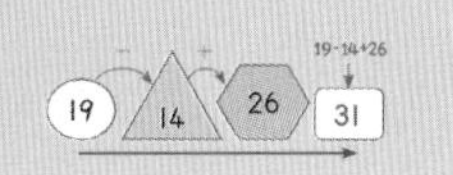

01 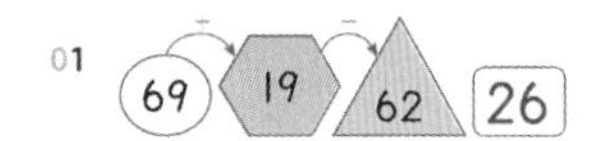

02 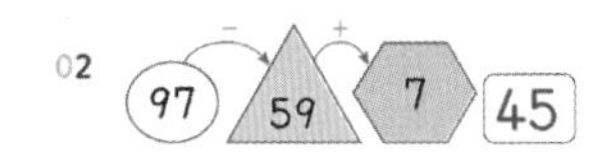

03 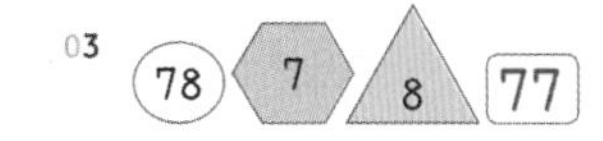

04 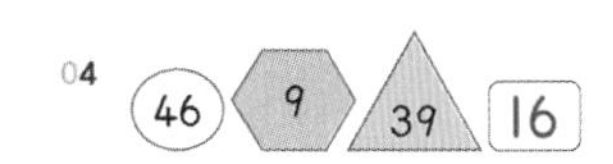

05 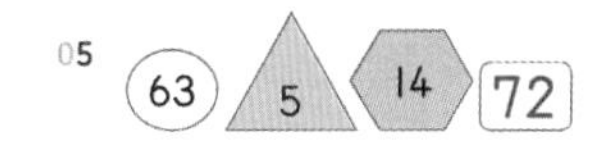

06 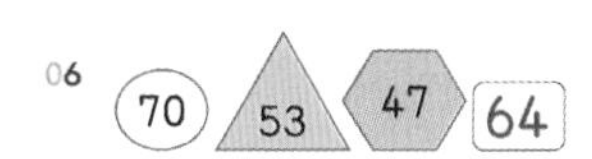

07 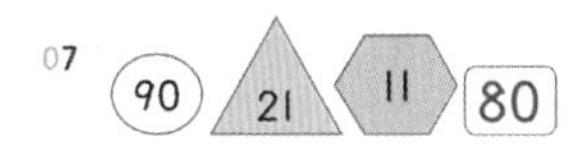

08 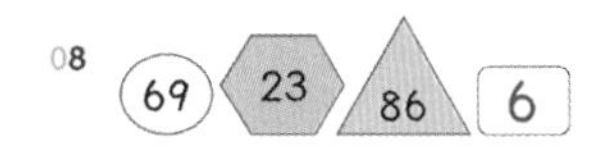

09 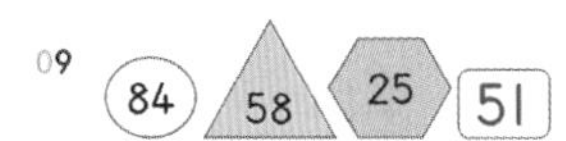

10 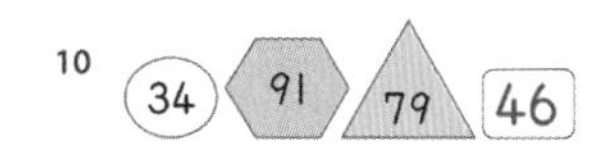

식의 결과에 맞게 ◇ 안에 + 또는 − 기호를 알맞게 써넣어 보세요.

01 83 ⟨−⟩ 27 ⟨+⟩ 5 = 61

02 65 ⟨+⟩ 42 ⟨−⟩ 70 = 37

03 58 ⟨+⟩ 18 ⟨−⟩ 59 = 17

04 92 ⟨−⟩ 14 ⟨+⟩ 13 = 91

05 67 ⟨+⟩ 14 ⟨−⟩ 55 = 26

06 91 ⟨−⟩ 54 ⟨+⟩ 66 = 103

07 70 ⟨−⟩ 37 ⟨+⟩ 68 = 101

08 76 ⟨+⟩ 27 ⟨−⟩ 67 = 36

09 74 ⟨+⟩ 53 ⟨−⟩ 93 = 34

10 90 ⟨−⟩ 45 ⟨+⟩ 57 = 102

p.126~127

9~13 연산의 활용

3에서 배운 연산으로 해결해 봐요!

▶ 가장 큰 수와 가장 작은 수를 만들어 봐요
주어진 수 카드 중 세 개의 카드를 선택하여 정해진 덧셈과 뺄셈으로 가장 큰 수와 가장 작은 수를 만들어 보세요.

01 14 27 5 64

가장 큰 수 64 + 27 + 14 = 105

가장 작은 수 5 + 14 + 27 = 46

02 55 12 36 93

또는 93−36−12=45

가장 큰 수 93 − 12 − 36 = 45

가장 작은 수 93 − 55 − 36 = 2

또는 93−36−55=2

03 43 79 31 86

또는 79+86−31=134

가장 큰 수 86 + 79 − 31 = 134

가장 작은 수 31 + 79 − 86 = 24

또는 79+31−86=24

▶ 규칙에 맞게 계산해 봐요
가로 또는 세로로 연속되는 세 수의 합이 주어진 수가 되도록 묶어 보세요.
각 문제마다 묶음은 3개예요.

규칙

01 43

25	1	17	21
5	25	8	4
17	5	18	20
80	9	11	25

02 105

35	66	2	1
13	4	70	85
43	29	33	37
49	13	89	98

03 128

39	26	50	29
48	24	48	56
1	60	55	43
80	44	20	68

04 92

6	67	9	16
30	17	20	55
28	40	15	14
79	35	26	29

p.128

▶ 문장의 뜻을 이해하며 식을 세워 봐요
이야기 속에 주어진 조건을 생각하며 식을 세우고 답을 구해 보세요.

문장제

01 2학년 친구들이 좋아하는 운동을 조사했더니 야구는 12명, 축구는 38명, 농구는 29명이었습니다. 조사한 학생은 모두 몇 명입니까?

식 12+38+29=79 답 79 명

02 전체 쪽수가 82쪽인 책을 어제는 48쪽 읽고, 오늘은 15쪽 읽었습니다. 남은 책의 쪽수는 몇 쪽입니까?

식 82−48−15=19 답 19 쪽

03 핸드폰으로 놀이공원에서 사진을 76장 찍고, 동물원에서 19장을 찍었습니다. 이 사진들 중 26장은 지웠을 때, 남은 사진은 몇 장입니까?

식 76+19−26=69 답 69 장

04 화단에 68송이의 꽃을 심었는데 39송이가 시들어서 뽑아 버리고 84송이를 더 심었습니다. 화단에 있는 꽃은 모두 몇 송이입니까?

식 68−39+84=113 답 113 송이

MEMO

MEMO